Lecture Notes in Mathematics

An informal series of special lectures, seminars and reports on mathematical topics
Edited by A. Dold, Heidelberg and B. Eckmann, Zürich

10

Heinz Lüneburg
Mathematisches Institut
der Universität Mainz

Die Suzukigruppen
und ihre Geometrien
Vorlesung Sommersemester 1965 in Mainz

1965

Springer-Verlag · Berlin · Heidelberg · New York

All rights, especially that of translation into foreign languages, reserved. It is also forbidden to reproduce this book, either whole or in part, by photomechanical means (photostat, microfilm and/or microcard) or by other procedure without written permission from Springer Verlag. © by Springer-Verlag Berlin · Heidelberg 1965.
Library of Congress Catalog Card Number 65-29153 Printed in Germany. Title No. 7330

Vorwort.

Vor etwa sieben Jahren fand Suzuki beim Studium der 2-dimensionalen speziellen projektiven linearen Gruppen $PSL(2,2^r)$ über einem endlichen Körper der Charakteristik 2 eine Klasse von neuen einfachen Gruppen $S(2^{2r+1})$, die jenen nahe verwandt sind und die wie jene eine reiche gruppentheoretische und geometrische Struktur besitzen. So besitzt z. B. jede Gruppe aus einer dieser beiden Klassen eine Darstellung als zweifach transitive Permutationsgruppe vom Grade $N + 1$ mit $N = 2^r$ bzw. $N = 2^{2(2r+1)}$, so daß jedes von 1 verschiedene Element höchstens zwei Fixpunkte hat, und in der Tat sind $PSL(2,2^r)$ und $S(2^{2r+1})$, wie Suzuki zeigen konnte, die einzigen Gruppen, die eine solche Permutationsdarstellung besitzen. Ferner weiß man, daß $PSL(2,2^{2r})$ aufgefaßt als Untergruppe der Kollineationsgruppe des 3-dimensionalen projektiven Raumes $PG(3,2^r)$ über $GF(2^r)$ die Fixgruppe eines Ovoides ist, welches sogar eine Fläche zweiten Grades ist. Wie Tits dann zeigte, gehört zur $S(2^{2r+1})$ ebenfalls ein Ovoid in $PG(3,2^{2r+1})$, so daß also zu beiden Gruppen eine endliche Möbiusebene gehört, nämlich die Möbiusebene, die aus den Punkten und nicht-trivialen ebenen Schnitten des fraglichen Ovoids besteht. Diese Möbiusebenen sind bis auf Isomorphie durch $PSL(2,2^{2r})$ bzw. $S(2^{2r+1})$ eindeutig bestimmt. Ferner sind diese Möbiusebenen bislang die einzigen Möbiusebenen gerader Ordnung, die man kennt. Ferner steht bei Tits bereits die durch $S(2^{2r+1})$ bestimmte Geradenkongruenz von $PG(3,2^{2r+1})$, die dann mit Hilfe der André'schen Entwicklungen zu Translationsebenen der Ordnung $2^{2(2r+1)}$ führte. Der Stabilisator eines affinen Punktes dieser Ebenen enthält einen zur $S(2^{2r+1})$ isomorphen Normalteiler, womit wir eine weitere Analogie zu den $PSL(2,2^r)$ gewonnen haben, denn der Stabilisator einer desarguesschen affinen Ebene über $GF(2^r)$ enthält einen zur $PSL(2,2^r)$ isomorphen Normalteiler.

Diese in der Literatur verstreuten und zum Teil noch nicht publizierten Dinge zusammenzutragen und einheitlich darzustellen, war das Ziel dieser Vorlesung. Ich konnte mich dabei auf eine Vorlesung über Gruppentheorie stützen, die ich im Wintersemester 1964/65 gehalten habe. Aus dieser Vorlesung bzw. aus meinem Seminar, welches diese Vorlesung ergänzte, entnahm ich eine Reihe von Sätzen, die in dieser Ausarbeitung auch ohne Beweise jedoch mit den nötigen Literaturhinweisen angegeben sind.

Eine Reihe von Fragen sind noch offen. So wäre es wünschenswert, ohne Benutzung von Satz (3.6) zu zeigen, daß die einzigen Untergruppen der Suzukigruppen, die (ZT)-Gruppen sind, ebenfalls Suzukigruppen (über kleineren Körpern) sind (s. Satz (4.12)). Die Partition der Suzukigruppen sollte hier weiterhelfen. Ferner ist anzunehmen, daß die Bedingung (b) in (12.3) überflüssig ist. Schließlich ist es von Interesse zu wissen, ob die Suzukigruppe $S(q)$ auf die unter (14.10)(2) beschriebene Weise auf einer projektiven Ebene der Ordnung q^2 operieren kann. Beides konnte ich bisher nicht nachweisen.

An dieser Stelle möchte ich noch den Herren B. Huppert und P. Dembowski danken: Herrn Huppert für die vielen anregenden Diskussionen während und nach meinen Vorlesungsstunden, die zu einer ganzen Reihe von Verbesserungen in der Darstellung führten - so stammt z. B. der hübsche Beweis von (5.3) von ihm - und Herrn Dembowski, der mir einige noch nicht publizierte Resultate ((14.1) bis (14.3)) für diese Ausarbeitung zur Verfügung stellte.

Mainz, August 1965   Heinz Lüneburg

Inhaltsverzeichnis.

1. Die Gruppen $S(K, \sigma)$	1
2. Die Einfachheit der Suzukigruppen	11
3. Eine Kennzeichnung der (ZT)-Gruppen	17
4. Die Untergruppen der Suzukigruppen	26
5. Inzidenzstrukturen	39
6. Affine und projektive Ebenen	47
7. Perspektivitäten von projektiven Ebenen	53
8. Möbiusebenen	59
9. Die zu den Suzukigruppen gehörigen Möbiusebenen	68
10. $S(q)$ als Kollineationsgruppe des 3-dimensionalen projektiven Raumes über $GF(q)$	72
11. Translationsebenen	80
12. Die zu den Suzukigruppen gehörigen Translationsebenen	86
13. Die explizite Bestimmung der Kongruenz	91
14. $S(q)$ als Kollineationsgruppe einer Ebene der Ordnung q^2	96
15. Liste der häufiger benutzten Symbole	109
16. Literaturhinweise	111

1. Die Gruppen $S(K,\sigma)$.

Es sei K ein von $GF(2)$ verschiedener Körper der Charakteristik 2. Ferner sei σ ein Automorphismus von K mit $x^{\sigma^2} = x^2$ für alle $x \in K$. Mit $\mathcal{P}$ bezeichnen wir den 3-dimensionalen projektiven Raum über K und mit (x_0, x_1, x_2, x_3) die Koordinaten der Punkte von $\mathcal{P}$. E sei die Ebene mit der Gleichung $x_0 = 0$. Der Punkt mit den Koordinaten $(0,1,0,0)$ werde mit U bezeichnet. Schließlich führen wir in dem von E bestimmten affinen Raum $\mathcal{P}_E$ Koordinaten x, y, z ein durch

(1.1) $\quad x = x_2 x_0^{-1}, \quad y = x_3 x_0^{-1}, \quad z = x_1 x_0^{-1}.$

σ sei die Punktmenge von $\mathcal{P}$, die aus U und all den Punkten von $\mathcal{P}_E$ besteht, deren Koordinaten (x,y,z) der Gleichung

(1.2) $\quad z = xy + x^{\sigma+2} + y^{\sigma}$

genügen.

Unsere erste Bemerkung über σ ist

(1.3) <u>Ist $K \cong GF(q)$, so ist $|\sigma| = q^2 + 1$.</u>

Die zweite Bemerkung ist

(1.4) <u>Jede von E verschiedene Ebene durch U trifft σ in einem von U verschiedenen Punkt.</u>

Dies folgt daraus, daß eine von E verschiedene Ebene durch U

in affinen Koordinaten durch eine Gleichung der Form
$ax + by + c = 0$ mit $(a,b) \neq (0,0)$ dargestellt wird. Genügt das
Paar (x,y) dieser Gleichung, so ist der Punkt X mit den Koordinaten $(x,y,xy + x^{\sigma+2} + y^\sigma)$ ein von U verschiedener Punkt, der
sowohl auf $\mathcal{O}$ als auch auf der betrachteten Ebene liegt.

Sind a, b Elemente von K, so sei $\tau(a,b)$ die folgendermaßen definierte Kollineation von $\mathcal{R}$:

$$(x,y,z)^{\tau(a,b)} = (x+a, y+b+a^\sigma x, z+ab+a^{\sigma+2}+b^\sigma+ay+a^{\sigma+1}x+bx).$$

$\tau(a,b)$ ist zunächst nur auf $\mathcal{R}_E$ definiert. Da sich jedoch jede
Kollineation von $\mathcal{R}_E$ eindeutig zu einer Kollineation von $\mathcal{R}$
fortsetzen läßt, können wir $\tau(a,b)$ als Kollineation von $\mathcal{R}$ auffassen.

Der Punkt U ist der uneigentliche Punkt der Geraden g, die durch
die Gleichungen $x = 0$ und $y = 0$ dargestellt wird. Die Gerade
$g^{\tau(a,b)}$ wird durch die Gleichungen $x = a$ und $y = b$ dargestellt
und ist folglich zu g parallel. Hieraus folgt, daß auch U unter
$\tau(a,b)$ festbleibt. Ferner ist

$$(x+a)(y+b+a^\sigma x) + (x+a)^{\sigma+2} + (y+b+a^\sigma x)^\sigma =$$
$$= xy + xb + a^\sigma x^2 + ay + ab + a^{\sigma+1}x + x^{\sigma+2} + x^\sigma a^2 + x^2 a^\sigma +$$
$$+ a^{\sigma+2} + y^\sigma + b^\sigma + x^\sigma a^2 =$$
$$= xy + x^{\sigma+2} + y^\sigma + ab + a^{\sigma+2} + b^\sigma + ay + a^{\sigma+1}x + bx.$$

Somit bleibt auch der affine Teil von $\mathcal{O}$ unter $\tau(a,b)$ invariant
und damit ganz $\mathcal{O}$.

Ist k ein Element der multiplikativen Gruppe K* von K, so sei $\eta(k)$ die durch $(x,y,z)^{\eta(k)} = (kx, k^{\sigma+1}y, k^{\sigma+2}z)$ definierte Kollineation. Wir können $\eta(k)$ wieder als Kollineation von $\mathcal{R}$ auffassen.

Die Gerade, die durch die Gleichungen $x = 0$ und $y = 0$ dargestellt wird, bleibt unter $\eta(k)$ invariant. Somit ist $U^{\eta(k)} = U$. Ferner ist $kxk^{\sigma+1}y + k^{\sigma+2}x^{\sigma+2} + k^{\sigma^2+\sigma}y^\sigma = k^{\sigma+2}(xy + x^{\sigma+2} + y^\sigma)$. Somit bleibt σ unter $\eta(k)$ invariant.

Sie schließlich ω die Kollineation, die den Punkt mit den Koordinaten (x_0, x_1, x_2, x_3) auf den Punkt mit den Koordinaten (x_1, x_0, x_3, x_2) abbildet. Offensichtlich vertauscht ω den Punkt U mit dem Punkt P mit den affinen Koordinaten $(0,0,0)$. Sei nun X ein von P und U verschiedener Punkt auf σ. Die Koordinaten von X seien (x,y,z). Aus (1.2) folgt durch eine einfache Rechnung die Identität $y^{\sigma+1} = xz^\sigma + z(x^{\sigma+1} + y)$, wobei $xy + x^{\sigma+2} + y^\sigma = z$ gesetzt wurde. Wäre nun die dritte Koordinate von X gleich Null, so wäre auch y und dann auch x gleich Null. Also ist $z \neq 0$, da $X \neq P$ ist. Setz man nun in den projektiven Koordinaten für x_0 den Wert z^{-1}, so hat X nach (1.1) die Koordinaten $(z^{-1}, 1, xz^{-1}, yz^{-1})$. Folglich hat X^ω die Koordinaten $(1, z^{-1}, yz^{-1}, xz^{-1})$. Die affinen Koordinaten von X^ω sind daher gleich $(yz^{-1}, xz^{-1}, z^{-1})$. Wir rechnen nun nach, daß X^ω ein Punkt von σ ist. Dazu müssen wir den folgenden Ausdruck ausrechnen:

$$xyz^{-2} + y^{\sigma+2}z^{-\sigma-2} + x^\sigma z^{-\sigma} = z^{-\sigma-2}(xyz^\sigma + y^{\sigma+2} + x^\sigma z^2).$$

Nun ist nach (1.2) $xy = z + x^{\sigma+2} + y^\sigma$. Somit ist der Ausdruck in der Klammer gleich

$z^{\sigma+1} + x^{\sigma+2}z^{\sigma} + y^{\sigma}z^{\sigma} + y^{\sigma+2} + x^{\sigma}z^2$. Nun ist

$$x^{\sigma+2}z^{\sigma} = x^{\sigma+2}(x^{\sigma}y^{\sigma} + x^{2+2\sigma} + y^2) = x^{2\sigma+2}y^{\sigma} + x^{3\sigma+4} + x^{\sigma+2}y^2,$$

$$y^{\sigma}z^{\sigma} = y^{\sigma}(x^{\sigma}y^{\sigma} + x^{2+2\sigma} + y^2) = x^{\sigma}y^{2\sigma} + x^{2+2\sigma}y^{\sigma} + y^{\sigma+2}$$

und

$$x^{\sigma}z^2 = x^{\sigma}(x^2y^2 + x^{2\sigma+4} + y^{2\sigma}) = x^{\sigma+2}y^2 + x^{3\sigma+4} + x^{\sigma}y^{2\sigma}.$$

Folglich ist der Klammerausdruck gleich $z^{\sigma+1}$ und daher

$$xyz^{-2} + y^{\sigma+2}z^{-\sigma-2} + x^{\sigma}z^{-\sigma} = z^{-1}.$$ Somit ist auch $\mathcal{O}^{\omega} = \mathcal{O}$.

Wir bezeichnen mit $S(K, \sigma)$ die Gruppe aller projektiven Kollineationen von $\mathcal{R}$, die die Menge $\mathcal{O}$ invariant lassen. Dabei nennen wir eine Kollineation eines projektiven Raumes projektiv, falls sie durch eine lineare Abbildung induziert wird.

Offensichtlich gehören $\tau(a,b)$, $\eta(k)$ und ω zu $S(K, \sigma)$. Es gilt sogar der

(1.5) <u>Satz</u> (Tits). <u>Ist K ein Körper der Charakteristik 2 mit mehr als zwei Elementen, und besitzt K einen Automorphismus σ mit der Eigenschaft, daß $x^{\sigma^2} = x^2$ ist für alle x ε K, so ist die Gruppe $S(K, \sigma)$ zweifach transitiv auf der Menge $\mathcal{O}$. Überdies wird $S(K, \sigma)$ von den Elementen $\tau(a,b)$ (a,b ε K), $\eta(k)$ (k ε K*) und ω erzeugt. Jedes Element von $S(K, \sigma)$ läßt sich auf eine und nur eine Weise auf eine der beiden folgenden Arten $\eta(k)\tau(a,b)$ bzw. $\eta(k)\tau(a,b)\omega\tau(c,d)$ (a,b,c,d ε K, k ε K*) darstellen.</u>

Beweis. Es sei $G = S(K, \sigma)$ und $G_U = \{\gamma \in G | U^\gamma = U\}$. Dann ist
$\tau(a,b) \in G_U$ für alle $a,b \in K$. Ist nun X ein Punkt von $\mathcal{O} - \{U\}$
mit den Koordinaten (x,y,z) und X' ein weiterer Punkt von
$\mathcal{O} - \{U\}$ mit den Koordinaten (x',y',z'), so gibt es ein $a \in K$
mit $x + a = x'$ und ein $b \in K$ mit $y + a^\sigma x + b = y'$. Mit diesen
beiden Elementen a und b ist dann offensichtlich $X^{\tau(a,b)} = X'$.
Folglich ist G_U transitiv auf $\mathcal{O} - \{U\}$. Da $U^\omega \neq U$ ist, ist G
zweifach transitiv auf $\mathcal{O}$.

Um zu zeigen, daß G von den Elementen $\tau(a,b)$, $\eta(k)$ und ω erzeugt wird, zeigen wir

(1.6) <u>Ist P der Punkt mit den affinen Koordinaten $(0,0,0)$, so
ist $G_{U,P} = \{\eta(k) | k \in K^*\}$</u>.

Wir wissen bereits, daß G auf $\mathcal{O}$ transitiv ist. Aus (1.4) folgt
daher, daß durch jeden Punkt von $\mathcal{O}$ genau eine Ebene geht, die
mit $\mathcal{O}$ nur diesen Punkt gemeinsam hat. Diese Ebenen nennen wir
Tangentialebenen an $\mathcal{O}$. Nun ist $U^\omega = P$. Daher ist die Ebene F
mit der Gleichung $x_1 = 0$ die Tangentialebene an $\mathcal{O}$ in P. Ist
nun $\gamma \in G_{U,P}$, so ist $E^\gamma = E$ und $F^\gamma = F$. Aus $E^\gamma = E$ und $P^\gamma = P$
folgt, daß γ in $\mathcal{R}_E$ eine Kollineation induziert, die sich darstellen läßt durch

$$x' = a_1 x + b_1 y + c_1 z,$$
$$y' = a_2 x + b_2 y + c_2 z,$$
$$z' = a_3 x + b_3 y + c_3 z.$$

Aus $F^\gamma = F$ folgt, daß mit $z = 0$ auch $z' = 0$ gilt. Somit ist
$a_3 = b_3 = 0$. Ferner bleibt U unter γ invariant und daher auch

die Gerade, die durch die Gleichungen $x = 0$ und $y = 0$ festgelegt ist. Somit ist auch $c_1 = c_2 = 0$. Also wird γ durch

$$x' = ax + by,$$
$$y' = cx + dy,$$
$$z' = ez$$

dargestellt. Nun müssen wir noch ausnutzen, daß γ die Menge $\mathcal{O}$ invariant läßt. Der Punkt mit den Koordinaten $(0,y,y^\sigma)$ liegt auf $\mathcal{O}$ und wird unter γ auf (by,dy,ey^σ) abgebildet. Nach (1.2) ist $ey^\sigma = bdy^2 + b^{\sigma+2}y^{\sigma+2} + d^\sigma y^\sigma$. Hieraus folgt die Gleichung

$$(*) \qquad bdy^2 + b^{\sigma+2}y^{\sigma+2} + (d^\sigma + e)y^\sigma = 0,$$

die für alle $y \in K$ gilt. Da $|K| > 2$ ist, gibt es zwei Elemente y und z in K mit $y \neq 0 \neq z \neq y$. Wäre nun $(y^2, y^{\sigma+2}, y^\sigma) = k(z^2, z^{\sigma+2}, z^\sigma)$, so wäre $k = y^2 z^{-2}$ und daher $y^{\sigma+2} = y^2 z^\sigma$. Hieraus würde folgen, daß $y = z$ ist. Folglich sind $(y^2, y^{\sigma+2}, y^\sigma)$ und $(z^2, z^{\sigma+2}, z^\sigma)$ zwei linear unabhängige Lösungen von $(*)$. Ersetzt man y in $(*)$ durch ky, so erhält man die Gleichung

$$(**) \qquad bdk^2y^2 + b^{\sigma+2}k^{\sigma+2}y^{\sigma+2} + (d^\sigma + e)k^\sigma y^\sigma = 0.$$

Da $(*)$ zwei linear unabhängige Lösungen besitzt, die zugleich auch Lösungen von $(**)$ sind, folgt, daß es ein $l \in K$ gibt mit $l \neq 0$ und $bdk^2 = bdl$, $b^{\sigma+2}k^{\sigma+2} = b^{\sigma+2}l$ und $(d^\sigma + e)k^\sigma = (d^\sigma + e)l$. Wäre $b \neq 0$, so wäre $l = k^{\sigma+2}$. Da wir $k \neq 0,1$ wählen können, ist dann $d = 0$, da sonst $l = k^2$ und daher $k = 1$ wäre. Dann ist aber $ek^\sigma = el$ und da e von Null verschieden sein muß, ist $l = k^\sigma$ und damit doch $k = 1$. Also ist $b = 0$. Dann reduziert sich $(*)$

auf $(d^\sigma + e)y^\sigma = 0$. Mit $y = 1$ ergibt das $d^\sigma = e$.

Wir betrachten nun den Punkt mit den Koordinaten $(x,0,x^{\sigma+2})$. Dieser Punkt liegt auf $\mathcal{O}$ und wird abgebildet auf den Punkt mit den Koordinaten $(ax,cx,ex^{\sigma+2})$, der ebenfalls auf $\mathcal{O}$ liegt. Aus (1.2) folgt daher die Identität

$$acx^2 + (a^{\sigma+2} + e)x^{\sigma+2} + c^\sigma x^\sigma = 0.$$

Die gleichen Argumente, die wir bei der Auswertung von (*) verwandten, zeigen, daß $c = 0$ und $a^{\sigma+2} = e$ ist.

Nun ist $(a^{\sigma+1})^\sigma = a^{\sigma+2} = e$. Andrerseits ist auch $d^\sigma = e$. Somit ist $a^{\sigma+1} = d$. Also ist $\gamma = \eta(a)$, q. e. d.

Weiterhin gilt, wie man leicht nachrechnet,

(1.7) $\tau(a,b)\tau(c,d) = \tau(a + c, b + d + c^\sigma a)$.

Hieraus folgt, daß $T = \{\tau(a,b) | a,b \in K\}$ eine Gruppe ist. Überdies ist T auf den von U verschiedenen Punkten von $\mathcal{O}$ scharf transitiv.

Ist nun $\gamma \in G_U$, so gibt es genau ein $\tau(a,b) \in T$ mit $P^\gamma = P^{\tau(a,b)}$. Nach (1.6) ist folglich $\gamma = \eta(k)\tau(a,b)$, und diese Zerlegung von γ ist eindeutig, da G_U das semidirekte Produkt von T und $G_{U,P}$ ist. Sei nun $\gamma \notin G_U$. Dann ist $U \neq U^\gamma$. Es gibt somit genau ein $\tau(c,d) \in T$ mit $U^\gamma = P^{\tau(c,d)}$. Dann ist aber $\gamma\tau(c,d)^{-1}\omega \in G_U$. Nach dem bereits Bewiesenen ist also $\gamma = \eta(k)\tau(a,b)\omega\tau(c,d)$. Es sei nun $\gamma = \eta(k)\tau(a,b)\omega\tau(c,d) = \eta(k')\tau(a',b')\omega\tau(c',d')$.

Dann ist $P^{\tau(c,d)} = U^\gamma = P^{\tau(c',d')}$ und daher $\tau(c,d) = \tau(c',d')$. Folglich ist $\eta(k)\tau(a,b) = \eta(k')\tau(a',b')$. Nach dem bereits Bewiesenen ist dann auch $\eta(k) = \eta(k')$ und $\tau(a,b) = \tau(a',b')$. Damit ist (1.5) bewiesen.

Eine Menge $\mathcal{O}$ von Punkten eines 3-dimensionalen projektiven Raumes $\mathcal{P}$ heißt ein Ovoid, falls $\mathcal{O}$ den folgenden Bedingungen genügt:

(1) <u>Jede Gerade von $\mathcal{P}$ trifft $\mathcal{O}$ in höchstens zwei Punkten.</u>
(2) <u>Ist P ein Punkt von $\mathcal{O}$, so sind die Geraden durch P, die $\mathcal{O}$ nur in P treffen, gerade die Geraden eines ebenen Geradenbüschels.</u>
(3) <u>Ist P ein Punkt von $\mathcal{O}$, so gibt es eine Gerade, die $\mathcal{O}$ nur in P trifft.</u>

Wir zeigen nun

(1.8) <u>$\mathcal{O}$ ist ein Ovoid.</u>

Nach allem, was wir über $\mathcal{O}$ bereits wissen, genügt es zu zeigen, daß jede Gerade durch U, die nicht in E liegt, $\mathcal{O}$ in genau einem weiteren Punkt trifft. Ist g eine solche Gerade, so wird sie durch zwei Gleichungen der Form $x = c$ und $y = d$ dargestellt, woraus die Behauptung folgt.

Wir haben die Gruppen $S(K, \sigma)$ konstruiert, ohne die Existenz von Körpern K sicherzustellen, die einen Automorphismus σ mit $x^{\sigma^2} = x^2$ für alle $x \in K$ besitzen. Dazu nun einige Bemerkungen. Ist K ein Körper und L ein zu $GF(q)$ isomorpher Teilkörper von K,

so besteht L* gerade aus allen $(q-1)$-ten Einheitswurzeln von
K. Folglich ist L der einzige Teilkörper von K, der zu GF(q)
isomorph ist. Hieraus folgt, daß L unter allen Automorphismen
von K invariant bleibt. Ist nun $q = 4$ und σ ein Automorphismus
von K, so induziert σ^2 in L die Identität. Folglich ist $x^{\sigma^2} = x^2$
nicht für alle $x \in K$ erfüllt. Ist K endlich, dh. $K \cong GF(2^s)$ und
besitzt K einen solchen Automorphismus σ, so ist also $s = 2r + 1$.
Ferner ist $x^{\sigma} = x^{2^t}$ und daher $x^2 = x^{\sigma^2} = x^{2^{2t}}$. Ist nun x ein
erzeugendes Element von K*, so ist $2^{2t} - 2 = 2(2^{2t-1} - 1)$
durch $2^{2r+1} - 1$ teilbar. Somit ist $2t - 1 = 2r + 1$ und daher
$t = r + 1$. Umgekehrt hat der durch $x^{\sigma} = x^{2^{r+1}}$ definierte Automorphismus σ die Eigenschaft, daß $x^{\sigma^2} = x^2$ ist für alle $x \in K$.
Es gilt also der

(1.9) <u>Satz.</u> <u>Ist $K \cong GF(2^s)$, so besitzt K genau dann einen und
dann auch nur einen Automorphismus σ mit $x^{\sigma^2} = x^2$ für alle $x \in K$,
wenn $s = 2t + 1$ ist.</u>

Ferner folgt hieraus sehr leicht der

(1.10) <u>Satz.</u> <u>Ist K eine algebraische Erweiterung von GF(2),
so besitzt K genau dann einen und dann auch nur einen Automorphismus σ mit $x^{\sigma^2} = x^2$ für alle $x \in K$, wenn K keinen zu
GF(4) isomorphen Teilkörper enthält.</u>

Ist $K = GF(q)$, so können wir wegen (1.9) statt $S(K, \sigma)$ kürzer
$S(q)$ schreiben. Die Gruppen $S(q)$ sind gerade die von M. Suzuki
1960 angegebenen einfachen Gruppen, die nach ihm benannten
Suzukigruppen. Die Verallgemeinerung stammt von J. Tits (1961).

Ist $G = S(K,\sigma)$ und sind P und Q zwei verschiedene Punkte von $\mathcal{O}$, so folgt aus (1.5) und (1.6), daß $G_{P,Q}$ zu K^* isomorph ist. Ist $K = GF(q)$, so ist also $G_{P,Q}$ zyklisch der Ordnung $q - 1$. Hieraus, aus (1.3) und aus (1.5) folgt daher

(1.11) <u>Die Ordnung von $S(q)$ ist gleich</u> $(q^2 + 1)q^2(q - 1)$.

Ferner gilt

(1.12) <u>Die Ordnung von $S(q)$ ist nicht durch 3 teilbar</u>.

Es ist ja $q = 2^{2r+1}$. Hieraus folgt, daß $q + 1$ durch 3 teilbar ist. Andrerseits ist $((q^2 + 1)q^2(q - 1), q + 1) = 1$.

Für spätere Verwendung sei hier noch vermerkt

(1.13) $\sigma + 1$ <u>ist ein Automorphismus von K^*</u>.

Beweis. $\sigma + 1$ ist sicher ein Endomorphismus von K^*. Es ist also nur zu zeigen, daß $\sigma + 1$ umkehrbar ist. Dies folgt nun daraus, daß $1 = 2 - 1 = \sigma^2 - 1 = (\sigma + 1)(\sigma - 1) = (\sigma - 1)(\sigma + 1)$ ist.

2. Die Einfachheit der Suzukigruppen.

Aus (1.3), (1.5) und (1.6) folgt, daß die Suzukigruppen $S(q)$ zur Klasse der (ZT)-Gruppen gehören. Dabei heißt eine Gruppe G eine (ZT)-Gruppe, wenn G die folgenden Bedingungen erfüllt:

(1) G besitzt eine treue Darstellung Γ als zweifach transitive Gruppe vom Grade $N + 1$.
(2) N ist gerade.
(3) Jedes von 1 verschiedene Element aus Γ hat höchstens zwei Fixpunkte.
(4) Es gibt ein von 1 verschiedenes Element in Γ, welches zwei Fixpunkte hat.

Wir werden in diesem Abschnitt die (ZT)-Gruppen etwas näher untersuchen und unter anderem ihre Einfachheit beweisen. Hierzu benötigen wir einige Resultate über Frobeniusgruppen, die wir ohne Beweis voranstellen werden.

Die für uns zweckmäßigste Definition der Frobeniusgruppen ist die folgende: Ist G eine transitive Permutationsgruppe, so heißt G Frobeniusgruppe, falls es in G ein von 1 verschiedenes Element gibt, welches einen Fixpunkt hat, und falls jedes von 1 verschiedene Element von G höchstens einen Fixpunkt hat. Es gilt dann der berühmte Satz von Frobenius.

(2.1) <u>Satz.</u> <u>Ist G eine endliche Frobeniusgruppe, so ist
$K = G - \bigcup_{P \in \mathfrak{M}} (G_P - \{1\})$ ein auf $\mathfrak{M}$ scharf transitiver Normalteiler
von G. Dabei ist $\mathfrak{M}$ die Menge, auf der G operiert. Es ist
$G = KG_P$ und $o(K) = |\mathfrak{M}|$ und $o(G_P)$ ein Teiler von $|\mathfrak{M}| - 1$.</u>

K heißt der Frobeniuskern von G. Der Kern einer Frobeniusgruppe G ist also ein Hallscher Normalteiler von G und daher charakteristisch in G. Ferner gilt

(2.2) **Satz.** Ist G eine endliche Frobeniusgruppe, so sind die p-Sylowgruppen von G_p für $p > 2$ zyklisch und für $p = 2$ entweder zyklisch oder verallgemeinerte Quaternionengruppen. Hat G_p gerade Ordnung, so enthält G_p genau eine Involution.

Beweise für (2.1) und (2.2) findet man in Burnside, Theory of groups S. 331-336.

(2.3) **Satz** (THOMPSON). Der Kern einer endlichen Frobeniusgruppe ist nilpotent.

Den Beweis für (2.3) findet man in J. Thompson, Finite groups with fixed-point-free automorphisms of prime order. Proc. Nat. Acad. Sci. 45 (1959), 578-581.

Ist G eine endliche Frobeniusgruppe und ist K der Kern von G und ist $g \in G$ jedoch $g \notin K$, so ist offensichtlich g mit keinem Element aus $K - \{1\}$ vertauschbar. Hieraus folgt, wenn man $g^{-1}kg = k^g$ setzt, daß $K = \{k^g k^{-1} | k \in K\}$ ist. Jedes Element von K ist also ein Kommutator aus G. Es gilt also

(2.4) Ist G eine endliche Frobeniusgruppe, so liegt der Kern von G in der Kommutatorgruppe G' von G.

Ferner benötigen wir das folgende Transitivitätskriterium.

(2.5) (Gleason) <u>Es sei G eine endliche Permutationsgruppe auf der Menge $\mathfrak{M}$ und p sei eine Primzahl. Gibt es zu jedem P ε $\mathfrak{M}$ ein g ε G, dessen Ordnung eine Potenz von p ist und das P und nur P zum Fixpunkt hat, so ist G auf $\mathfrak{M}$ transitiv.</u>

Beweis. Es sei $\mathscr{L} = \{P^g | g \varepsilon G\}$ eine Bahn von G. Dann ist auf Grund unserer Annahme $|\mathscr{L}| \equiv 1 \mod p$. Sei nun $Q \notin \mathscr{L}$ und g ε G ein Element von p-Potenzordnung, welches Q und nur Q zum Fixpunkt hat. Dann zerlegt g die Bahn $\mathscr{L}$ in lauter nicht-triviale Zyklen von p-Potenzlänge. Folglich ist $|\mathscr{L}| \equiv 0 \mod p$, q. e. a.

Es sei nun G eine (ZT)-Gruppe auf der Menge $\mathfrak{M}$. Ferner seien P und Q zwei verschiedene Punkte von $\mathfrak{M}$. Ist $|\mathfrak{M}| = N + 1$, so ist $o(G_{P,Q})$ ein Teiler von $N - 1$. Es sei g ε G und $P^g = Q$, $Q^g = P$. Dann ist $g^2 \varepsilon G_{P,Q}$. Somit ist $o(g^2) = k$ ein Teiler von $N - 1$ und daher 2 kein Teiler von k. Folglich ist $g = hj = jh$ mit $o(h) = 2$ und $j \varepsilon G_{P,Q}$. Da $N + 1$ ungerade ist, hat h einen Fixpunkt R, der natürlich von P und Q verschieden ist. Ferner hat h auch nur einen Fixpunkt, da h als Involution eine ungerade Anzahl von Fixpunkten hat. Nun ist $R^{jh} = R^{hj} = R^j$, dh. R^j ist ein Fixpunkt von h. Daher ist $R^j = R$. Somit hat j die Fixpunkte P, Q und R und ist daher gleich der Identität. Ist also g ein Element aus G, welches zwei Punkte von $\mathfrak{M}$ vertauscht, so ist g eine Involution.

Es sei nun i eine Involution, die P mit Q vertauscht. Eine solche Involution gibt es, da G zweifach transitiv ist. Ist $h \varepsilon G_{P,Q}$, so vertauscht hi die Punkte P und Q. Folglich ist hi eine Involution und damit $hihi = 1$. Somit ist $ihi = h^{-1}$. Der von i in $G_{P,Q}$ induzierte Automorphismus bildet also alle Elemente auf ihr Inverses ab. Folglich ist $G_{P,Q}$ abelsch und daher nach (2.2) zyklisch, da G_P offensichtlich eine Frobeniusgruppe ist. Hieraus folgt, daß $H = G_{P,Q}\langle i\rangle$ eine Diedergruppe ist. Ist nun $g \in \mathfrak{N}_G G_{P,Q}$ und $g \notin G_{P,Q}$, dann gilt für alle $h \in G_{P,Q}$

$$P^{ghg^{-1}} = P \text{ und daher } P^{gh} = P^g.$$

Ebenso gilt $Q^{gh} = Q^g$. Somit ist $\{P,Q\}^g = \{P,Q\}$. Aus $g \notin G_{P,Q}$ folgt dann, daß $P^g = Q$ und $Q^g = P$ ist. Daher ist $gi \in G_{P,Q}$. Hieraus folgt, daß $\mathfrak{N}_G G_{P,Q} \leq H$ ist. Also gilt

(2.6) $G_{P,Q}$ <u>ist zyklisch. Der Normalisator von</u> $G_{P,Q}$ <u>ist eine Diedergruppe erzeugt von</u> $G_{P,Q}$ <u>und</u> i.

Ferner gilt

(2.7) G <u>wird von seinen Involutionen erzeugt.</u>

Beweis. Ist $h \in G_{P,Q}$ und i eine Involution, die P und Q vertauscht, so ist, wie wir wissen, auch $j = hi$ eine Involution. Somit ist $h = ji$ das Produkt zweier Involutionen. Da h in $G_{P,Q}$ beliebig gewählt war, brauchen wir nur noch zu zeigen, daß die Menge der $G_{P,Q}$ die Gruppe G erzeugen. Nun sind die $G_{P,Q}$ alle miteinander konjugiert, da G zweifach transitiv ist. Aus (2.5) folgt daher (hier benutzen wir (4)), daß $H_0 = \langle G_{P,Q} | Q \in \mathfrak{M} - \{P\}\rangle$ auf $\mathfrak{M} - \{P\}$ transitiv ist. Somit ist $H_0 = G_P$. Da es nun sicher eine Involution gibt, die P bewegt, folgt, daß $H = \langle G_{P,Q} | P,Q \in \mathfrak{M}, P \neq Q\rangle$ auf $\mathfrak{M}$ transitiv ist. Wegen $G_P < H$ ist daher $H = G$, q. e. d.

Die folgende Aussage benötigen wir für den Einfachheitsbeweis nicht.

(2.8) <u>Alle Involutionen von G sind konjugiert.</u>

Beweis. Ist i eine Involution aus G, so gibt es zwei Punkte P und Q, die von i vertauscht werden. i liegt daher in $\mathfrak{N}_G G_{P,Q}$. Nun sind alle Gruppen $\mathfrak{N}_G G_{P,Q}$ in G konjugiert. Ferner sind alle Involutionen aus $\mathfrak{N}_G G_{P,Q}$ konjugiert, da die 2-Sylowgruppen wegen $o(\mathfrak{N}_G G_{P,Q}) = 2o(G_{P,Q})$ und $o(G_{P,Q}) \equiv 1 \mod 2$ die Ordnung 2 haben. Folglich sind alle Involutionen aus G konjugiert, q. e. d.

Wir sind nun in der Lage, den folgenden Satz zu beweisen.

(2.9) <u>Satz</u> (Suzuki). <u>Ist</u> G <u>eine (ZT)-Gruppe, so ist</u> G <u>einfach.</u>

Beweis. Ist i eine Involution von G, so hat i einen Fixpunkt P und i liegt, wie wir gesehen haben, im Kern der Frobeniusgruppe G_P. Nach (2.4) liegt daher i in der Kommutatorgruppe G' von G. Aus (2.7) folgt daher, daß G = G' ist. Ferner ist $G_P = KG_{P,Q}$, wenn K der Frobeniuskern von G_P ist. K ist nach (2.3) nilpotent und $G_{P,Q}$ ist nach (2.6) zyklisch. Somit ist G_P auflösbar. Schließlich ist G als zweifach transitive Gruppe primitiv. Die Einfachheit von G folgt daher aus dem folgenden

(2.10) <u>Satz</u> (Iwasawa). <u>Ist</u> G <u>eine endliche oder unendliche Permutationsgruppe auf der Menge</u> $\mathfrak{M}$, <u>operiert</u> G <u>primitiv auf</u> $\mathfrak{M}$ <u>und enthält die Standuntergruppe eines Elementes aus</u> $\mathfrak{M}$ <u>einen auflösbaren Normalteiler</u> A <u>mit der Eigenschaft, daß</u> G <u>von allen Konjugierten von</u> A <u>erzeugt wird, und ist</u> G = G', <u>so ist</u> G <u>einfach.</u>

Beweis. Sei $1 \neq N \triangleleft G$. Dann ist N, da G primitiv ist, transitiv auf $\mathfrak{M}$. Somit enthält NA alle zu A konjugierten Untergruppen. Daher ist $G = NA$. Nun ist $G/N = NA/N \cong A/(N \cap A)$. Folglich ist G/N auflösbar. Da $G = G'$ ist, folgt daher, daß $G = N$ ist, q. e. d.

(2.11) <u>Korollar.</u> <u>Die Suzukigruppen sind einfach.</u>

Will man nur die Einfachheit der Suzukigruppen beweisen, so benötigt man (2.3) nicht, da der Kern von G_P in diesem Falle eine 2-Sylowgruppe von G und damit nilpotent ist.

3. Eine Kennzeichnung der (ZT)-Gruppen.

In diesem Abschnitt geben wir eine gruppentheoretische Kennzeichnung der (ZT)-Gruppen. Wir beginnen mit dem folgenden Hilfssatz

(3.1) **Ist** H **eine Untergruppe der endlichen Gruppe** G **und gilt für alle** $h \in H$ **mit** $h \neq 1$, **daß** $\mathcal{C}_G(h) \leq H$ **ist, so ist** H **eine Hallgruppe von** G.

Beweis. Es genügt zu zeigen, daß jede Sylowgruppe von H eine Sylowgruppe von G ist. Sei also S eine Sylowgruppe von H, sei ferner S keine Sylowgruppe von G. Dann ist S echt in einer Sylowgruppe S* von G enthalten. Es gibt daher eine Untergruppe T von S*, so daß S ein echter Normalteiler von T ist. Bekanntlich ist dann der Durchschnitt von S mit dem Zentrum von T nichttrivial. Es gibt also ein $h \in \mathfrak{Z}T \cap H$ mit $h \neq 1$. Dann ist $T \leq \mathcal{C}_G(h) \leq H$. Andrerseits ist $T \not\leq H$, da T eine p-Gruppe ist, die S echt enthält, q. e. a.

Ist $g \in G$, so bezeichnen wir mit $\mathcal{C}_G^*(g)$ die Menge der $x \in G$ mit $g^x \in \{g, g^{-1}\}$.

(3.2) **Satz** (Suzuki). H **sei eine Untergruppe der endlichen Gruppe** G **und** H_0 **sei die von allen Involutionen aus** H **erzeugte Untergruppe von** H. **Gilt dann**

(1) $\mathcal{C}_G^*(h) \leq H$ **für alle** $h \in H$ **mit** $h \neq 1$ **und**
(2) $\mathfrak{Z}H_0 \neq 1$,

so gilt eine der folgenden Aussagen:

(i) H_0 ist normal in G.

(ii)   G ist eine Frobeniusgruppe und H ist ein Frobeniuskomplement.

(iii) G operiert auf den Rechtsrestklassen von $\mathcal{N}_G H$ als (ZT)-Gruppe.

Wir führen den Beweis in einer Reihe von Schritten.

(a) H hat gerade Ordnung und enthält eine 2-Sylowgruppe von G.

Die erste Bemerkung folgt aus der Definition von H_0 und $\mathcal{Z} H_0 \neq 1$. Die zweite aus (3.1), wenn man noch bemerkt, daß $\mathcal{L}_G(h) \leq \mathcal{L}_G^*(h)$ ist.

(b) Ist $1 \neq h \in H$ und ist h das Produkt zweier Involutionen i und j, so sind i und j Elemente aus H.

Es ist $ihi = iiji = ji = h^{-1}$. Somit ist $i \in \mathcal{L}_G^*(h) \leq H$. Ebenso folgt, daß auch $j \in H$ ist.

Ist X eine Gruppe, so bezeichnen wir mit n(X) die Anzahl der Involutionen in X. Mit dieser Bezeichnung gilt dann

(c) $n(G) \leq n(H) + [G:H] - 1$.

Y sei eine Restklasse mod H. Ist Y = H, so enthält Y genau n(H) Involutionen. Ist $Y \neq H$ und sind i und j zwei verschiedene Involutionen in Y, so ist $1 \neq ij \in H$ und daher nach (b) $i,j \in H$. Somit ist Y = Hi = H: ein Widerspruch. Jede von H verschiedene Restklasse mod H enthält also höchstens eine Involution. Somit gilt (c).

Wir nehmen nun an, daß H_0 kein Normalteiler von G ist. Es gibt daher eine zu H_0 konjugierte Untergruppe H_1, die von H_0 verschieden ist. Angenommen i sei eine Involution aus $H \cap H_1$.

Aus (2) folgt, daß es ein von 1 verschiedenes Element z im Zentrum von H_1 gibt. Nach (1) ist dann
$z \in \mathcal{C}_G(i) \leq \mathcal{C}_G^*(i) \leq H$. Dann ist aber auch $H_1 \leq \mathcal{C}_G^*(z) \leq H$
und daher $H_0 = H_1$, da ja H_0 alle Involutionen von H enthält.
Dieser Widerspruch zeigt, daß $H \cap H_1$ keine Involution enthält.
Somit ist $n(H_1) + n(H) \leq n(G)$. Ferner ist $n(H_1) = n(H_0) = n(H)$
und daher nach (c) $n(H) \leq [G:H] - 1$. Aus (a) folgt, daß alle
Involutionen aus G zu einer Involution aus H konjugiert sind.
Ist i eine Involution aus H, so ist die Anzahl der zu i konjugierten Involutionen gleich $[G: \mathcal{C}_G(i)]$ und daher ist diese
Anzahl ein Vielfaches von $[G:H]$. Ist $i \notin \mathcal{Z}H$ und daher $\mathcal{C}_G(i) \neq H$,
oder gibt es mehr als eine Klasse konjugierter Involutionen,
so ist $n(G) \geq 2[G:H]$. Dann ist aber nach (c)
$2[G:H] \leq n(H) + [G:H] - 1$ und daher $[G:H] + 1 \leq n(H)$: ein Widerspruch. Folglich gilt

(d) <u>Es gibt nur eine Klasse konjugierter Involutionen in G und alle Involutionen aus H liegen im Zentrum von H. Somit ist H_0 eine elementarabelsche 2-Gruppe und</u> $\mathcal{C}_G H_0 = H$.

Es sei L der Normalisator von H_0 in G. Dann gilt

(e) <u>Ist $g^{-1} H g \neq H$, so ist $g^{-1} H g \cap L = 1$.</u>

Sei $g^{-1} H g \cap L \neq 1$. Nach (3.1) ist H Hallsch in L. Überdies ist
H normal in L, da ja $\mathcal{C}_G H_0 = H$ ist. Somit liegen alle Untergruppen
von L, deren Ordnung zu $[L:H]$ teilerfremd sind, in H. Folglich
ist $g^{-1} H g \cap L \leq H$. Nun ist $H_0 \leq \mathcal{Z} H$ und daher auch
$g^{-1} H_0 g \leq \mathcal{Z}(g^{-1} H g)$. Ist $1 \neq h \in g^{-1} H g \cap L$, so ist $h \in H$ und
daher $g^{-1} H_0 g \leq \mathcal{C}_G(h) \leq H$. Folglich ist $g^{-1} H_0 g = H_0$ und daher
$g \in L$. Hieraus folgt, daß $g^{-1} H g = H$ ist.

Wir stellen nun G dar als Permutationsgruppe auf den Rechtsrestklassen nach L. Der Grad von G ist m = [G:L] und ist daher ungerade. Ferner ist G_L = L. Wir zeigen nun

(f) H <u>operiert auf den von</u> L <u>verschiedenen Restklassen regulär.</u>

Sei 1 ≠ h ε H und Lgh = Lg. Dann ist ghg^{-1} ε L. Aus (e) folgt, daß g ε L ist. Damit ist bereits alles bewiesen.

(g) <u>Ist</u> n(H) = 1, <u>so ist</u> H = L <u>und</u> G <u>ist eine Frobeniusgruppe.</u>
<u>Ferner ist</u> H <u>ein Frobeniuskomplement von</u> G.

Es sei i die einzige Involution in H. Ferner sei 1 ε L. Da H in L normal ist, ist $l^{-1}il$ = i und daher 1 ε $\mathcal{C}_G(i)$ ≤ H. Also ist H = L_i. Aus (f) folgt nun, daß G eine Frobeniusgruppe und H ein Frobeniuskomplement von G ist.

Wir setzen im folgenden nun voraus, daß n(H) > 1 ist. i und j seien zwei Involutionen aus H_0. Dann gibt es ein g ε G mit i^g = j. Folglich ist j ε $H_0 \cap H_0^g$. Nach (e) ist also g ε L. Je zwei Involutionen aus H sind also bereits unter L konjugiert. Folglich ist t = [L:H] = n(H). Da t ungerade ist, enthält keine von H verschiedene Restklasse der Form Hl Mit 1 ε L und 1 ∉ H eine Involution. Somit ist
[G:H] = n(G) ≤ n(H) + [G:H] - [L:H]. Hieraus folgt wegen n(H) = [L:H], daß n(G) = n(H) + [G:H] - [L:H] ist. Hieraus folgt wiederum, daß jede Rechtsrestklasse Hg mit g ∉ L genau eine Involution enthält.

Es sei Y = Lg mit g ∉ L. Dann besteht Y aus genau t Rechtsrestklassen nach H und jede dieser Restklassen enthält genau eine Involution. Somit enthält Y genau t Involutionen. $i_1, \ldots, i_t$ seien diese Involutionen. $i_l i_t$ mit 1 ≤ l < t sind t - 1 Elemente

von L. Es sei Z eine weitere von L verschiedene Rechtsrestklasse mod L und $j_1, \ldots, j_t$ seien die t Involutionen aus Z. Ist $i_k i_t = j_m j_t$, so ist
$$i_k i_t i_t j_t (i_k i_t)^{-1} (i_t j_t)^{-1} = i_k j_t i_t i_k j_t i_t = i_k j_t j_t j_m j_t i_t = i_k i_k i_t i_t = 1.$$

Somit ist $i_t j_t \in \mathcal{C}_G(i_k i_t)$. Setze $l = i_k i_t$. Sei ferner $g \in \mathcal{C}_G(l)$ und $g \notin L$. Die Rechtsrestklassen von H, die nicht in L liegen, enthalten genau eine Involution. Somit ist $g = hj$ mit $h \in H$ und $j^2 = 1$. Ferner ist $j \notin H$, da $g \notin L$. Aus $gl = lg$ folgt $jlj = h^{-1}lh$. Somit ist $l^{-1}jlj = l^{-1}h^{-1}lh$. Nun ist H normal in L und daher $l^{-1}h^{-1}lh \in H$. Folglich ist das Produkt der beiden Involutionen $l^{-1}j l$ und j in H. Aus (b) folgt daher, daß $l^{-1}jlj = 1$ ist, da ja j kein Element aus H ist. Somit ist $l \in \mathcal{C}_G(j) \leq H^g$ für ein passendes $g \in G$ und $H^g \neq H$. Aus (e) folgt daher, daß $l = 1$ ist. Dann ist aber, da ja $l = i_k i_t$ ist, $t = k \leq t - 1$: ein Widerspruch. Wir haben also gezeigt, daß $\mathcal{C}_G(i_k i_t)$ in L enthalten ist. Daher ist $i_t j_t \in L$ und folglich $Y = Z$.

Die von L verschiedenen Restklassen mod L liefern daher mindestens $(t - 1)([G:L] - 1)$ verschiedene Elemente von L, die nicht in H liegen. Somit ist
$o(L) \geq o(H) + (t - 1)([G:L] - 1)$. Setze $h = o(H)$ und $m = [G:L]$. Da $t = [L:H]$ ist, gilt also $th - h - (t - 1)(m - 1) \geq 0$. Umformung ergibt $(t - 1)(h + 1 - m) \geq 0$. Da wir $t > 1$ vorausgesetzt haben, ist $h + 1 \geq m$.

Da H_0 in H charakteristisch ist, und da wir varausgesetzt haben, daß H_0 in G nicht normal ist, folgt, daß auch H in G nicht normal ist. Es gibt somit ein $g \in G$, so daß $H_1 = g^{-1}Hg$ von H verschieden ist. Aus (e) folgt dann, daß H_1 mit jeder Restklasse mod L höchstens ein Element gemeinsam hat. Somit ist $[G:L] \geq o(H_1) = o(H)$. Daher ist $1 + h \geq m \geq h$. Wäre nun $m = h$, dh. $[G:L] = o(H)$, so wäre, da H eine Hallsche Untergruppe von G ist, $G = L$ und daher H normal in G: ein Widerspruch. Somit ist $m = 1 + h$. Aus (f) folgt nun, daß H auf den von L verschiedenen Restklassen nach L transitiv ist. G ist folglich zweifach transitiv. G kann wegen $n(H) > 1$ nicht scharf zweifach transitiv sein. Somit gibt es ein Element in G, welches zwei Fixelemente hat. Wir müssen also nur noch zeigen, daß nur die Identität drei verschiedene Fixelemente hat. Dazu genügt es zu zeigen, daß ein von 1 verschiedenes Element aus L höchstens zwei Fixelemente hat. Sei also $l \in L$ und $g, h \in G$ mit $L \neq Lg \neq Lh \neq L$ und $Lgl = Lg$ und $Lhl = Lh$. Wie wir gesehen haben, gibt es genau ein $k \in H$ mit $Lgk = Lh$. Da $Lg \neq Lh$ ist, ist $k \neq 1$. Nun ist H normal in L und daher $k^l \in H$. Ferner ist $Lgk^l = Lh = Lgk$ und daher $k^l = k$. Folglich ist $l \in H$. Da H auf den von L verschiedenen Rechtsrestklassen mod L scharf transitiv ist, ist $l = 1$. Damit ist (3.2) bewiesen.

Bemerkung. Man überlegt sich leicht, daß eine Frobeniusgruppe gerader Ordnung und ungeraden Grades und eine (ZT)-Gruppe stets eine Untergruppe H mit den Eigenschaften (1) und (2) von (3.2) enthält, so daß (3.2) sogar eine Kennzeichnung dieser Gruppen liefert.

(3.3) <u>Korollar</u> (Suzuki). H <u>sei eine nilpotente Untergruppe gerader Ordnung der endlichen Gruppe G. Ist dann</u> $\mathcal{C}_G(h) \leq H$ <u>für alle von 1 verschiedenen</u> $h \in H$, <u>so gilt eine der folgenden Aussagen:</u>
(i) H <u>ist normal in G.</u>

(ii) G <u>ist eine Frobeniusgruppe und</u> H <u>ist ein Frobeniuskomplement.</u>
(iii) G <u>operiert auf den Rechtsrestklassen nach</u> $\mathcal{N}_G H$ <u>als</u> (ZT)-<u>Gruppe.</u>

Beweis. H ist eine nilpotente Gruppe gerader Ordnung. Folglich ist die von allen Involutionen von H erzeugt Untergruppe H_0 von H nicht-trivial und ebenfalls nilpotent. Somit ist $\mathcal{Z} H_0 \neq 1$. Das ist die Bedingung (2) von (3.2). Sei nun $h \in H$ und $h \neq 1$. Ist die Ordnung von h ungerade, so enthält $\mathcal{C}_G(h)$ wegen der Nilpotenz von H, und da H Hallsch ist, eine 2-Sylowgruppe von G. Somit ist, da $[\mathcal{C}_G^*(h) : \mathcal{C}_G(h)] \leq 2$ ist, $\mathcal{C}_G^*(h) = \mathcal{C}_G(h) \leq H$. Sei also $\mathcal{C}_G^*(h) > \mathcal{C}_G(h)$. Dann hat die von h erzeugte Gruppe gerade Ordnung. Es gibt also eine natürliche Zahl n, so daß h^n eine Involution ist. Dann ist $\mathcal{C}_G^*(h) \leq \mathcal{C}_G(h^n) \leq H$. Es gilt also auch die Bedingung (1) von (3.2). Um (3.3) zu beweisen, brauchen wir daher nur noch zu zeigen, daß im Falle (i) H in G normal ist. Es sei $g \in G$ und $H_1 = H^g$. Da H_0 in G normal ist, ist $H_0 \leq H_1$. Aus der Nilpotenz von H_1 folgt daher, daß $H_0 \cap \mathcal{Z} H_1 \neq 1$ ist. Sei h ein von 1 verschiedenes Element aus diesem Durchschnitt. Dann ist $H_1 \leq \mathcal{C}_G(h) \leq H$ und daher $H_1 = H$, q. e. d.

(3.4) <u>Korollar</u> (Suzuki). <u>Ist</u> G <u>eine endliche Gruppe gerader Ordnung mit den Eigenschaften:</u>
(1) <u>Die Zentralisatoren von Involutionen aus</u> G <u>sind 2-Gruppen,</u>
(2) <u>Zwei verschiedene 2-Sylowgruppen haben stets trivialen Durchschnitt,</u>
<u>so gilt, falls</u> S <u>eine 2-Sylowgruppe von</u> G <u>ist, eine der folgenden Aussagen:</u>
(i) S <u>ist normal in</u> G.

(ii) *G ist eine Frobeniusgruppe und S ist ein Frobeniuskomplement von G.*

(iii) *G operiert auf den Rechtsklassen nach* $\mathfrak{N}_G S$ *als* (ZT)-*Gruppe.*

Beweis. Es sei $1 \neq s \in S$ und $gs = sg$. Dann ist $s \in S \cap S^g$ und daher $S = S^g$. Somit ist $g \in \mathfrak{N}_G S$. Nun ist s ein 2-Element. Folglich liegt g im Zentralisator einer Involution, ist also selbst ein 2-Element. Daher ist $g \in S$. Aus (3.3) folgt daher die Behauptung.

Eine weitere Folgerung aus (3.2) ist (3.5)

(3.5) <u>Satz</u> (Suzuki). *Ist G eine endliche Gruppe, so ist G genau dann eine* (ZT)-*Gruppe, wenn* $o(G) > 2$ *und G einfach ist und wenn G eine Untergruppe H enthält, die die Bedingungen von* (3.2) *erfüllt.*

Beweis. Es sei G eine (ZT)-Gruppe. Dann besitzt G eine Darstellung als zweifach transitive Permutationsgruppe vom Grade $N + 1 \geq 3$. Somit ist $o(G) > 2$. Ferner ist G nach (2.9) einfach. Schließlich überlegt man sich leicht, daß der Kern des Stabilisators eines Punktes die Voraussetzungen von (3.2) erfüllt.

Sei nun umgekehrt G eine Gruppe, die die Bedingungen von (3.5) erfüllt. Da Frobeniusgruppen niemals einfach sind, ist G nach (3.2) entweder eine (ZT)-Gruppe oder aber H_0 ist normal in G. Aus der Einfachheit von G folgt daher, daß $\mathfrak{Z} H_0 = H_0 = G$ ist. Somit ist $o(G) = 2$, q. e. d.

Ohne Beweis sei hier noch der folgende Satz mitgeteilt.

(3.6) **Satz** (Suzuki). _Ist_ G _eine_ (ZT)-_Gruppe vom Grade_ N + 1, _so ist_ G _entweder der Suzukigruppe_ S(q) _isomorph oder aber der_ PSL(2,q). _Dabei ist im ersten Fall_ q^2 = N _und im zweiten Fall_ q = N.

Die PSL(2,q) ist die Gruppe aller Abbildungen $x \to \frac{ax + b}{cx + d}$ mit a,b,c,d ε GF(q) und ad - bc ist ein von Null verschiedenes Quadrat. In unserem Falle ist q = 2^r und daher PSL(2,q) scharf dreifach transitiv vom Grade q + 1.

4. Die Untergruppen der Suzukigruppen.

In diesem Abschnitt sei stets $G = S(q)$. Die Ordnung von G ist dann gleich $(q^2 + 1)q^2(q - 1)$ und die Ordnung einer 2-Sylowgruppe von G ist gleich q^2.

Wir nennen ein Element x einer Gruppe X reell, falls es ein $y \in X$ gibt mit $x^y = x^{-1}$.

(4.1) Ist S eine 2-Sylowgruppe von G, so gilt:
(a) S ist vom Exponenten 4.
(b) Es ist $\mathfrak{Z}S = \{ s \in S | s^2 = 1 \}$ und $o(\mathfrak{Z}S) = q$.
(c) Ist $1 \neq s \in S$, so ist s genau dann reell, wenn s eine Involution ist.
(d) S enthält keine Quaternionengruppe.
(e) Der Normalisator N von S ist eine Frobeniusgruppe. S ist der Frobeniuskern von N. Ist Z ein Frobeniuskomplement von N, so ist Z eine zyklische Gruppe der Ordnung $q - 1$.
(f) Z operiert transitiv auf den Involutionen von S.

Beweis. Die in Abschnitt 1 definierte Untergruppe
$T = \{ \tau(a,b) | a,b \in GF(q) \}$ hat die Ordnung q^2 und ist daher eine 2-Sylowgruppe von G. Wir können daher die Elemente von S mit den geordneten Paaren (a,b) mit $a,b \in GF(q)$ identifizieren. Nach (1.7) ist $(a,b)(c,d) = (a + c, b + d + c^\sigma a)$, wobei σ der eindeutig bestimmt Automorphismus von $GF(q)$ ist, für den $x^{\sigma^2} = x^2$ für alle $x \in GF(q)$ gilt. Dann ist $(a,b)^2 = (0, a^{1+\sigma})$. Ferner ist $(0,b)^2 = (0,0)$. Somit ist Exp $S = 4$. Ferner sind die Involutionen von S von der Form $(0,b)$. Sei nun $(a,b) \in \mathfrak{Z}S$. Aus $(a,b)(c,d) = (c,d)(a,b)$ folgt, daß $c^\sigma a = a^\sigma c$ ist für alle

$c \in GF(q)$. Setzt man $c = 1$, so folgt, daß $a^\sigma = a$ ist. Da
$\sigma \neq 1$ ist, gibt es ein $c \in GF(q)$ mit $c^\sigma \neq c$. Aus $c^\sigma a = ca$
folgt daher, daß $a = 0$ ist. Umgekehrt ist natürlich $(0,b) \in \mathfrak{Z}S$.
Somit gilt auch (b). Involutionen sind stets reell. Sei also $s \in \mathfrak{Z}$
und $o(s) = 4$. Sei ferner $g \in G$ und $s^g = s^{-1}$. Es ist $g \in \mathcal{L}_G(s^2)$
und hieraus folgt, daß g den Fixpunkt von s^2 invariant läßt.
Hieraus folgt wiederum, da der Stabilisator eines Punktes eine
Frobeniusgruppe ist, daß $g \in S$ ist. Sei $s = (a,b)$ und $g = (c,d)$.
Dann ist $s^{-1} = (a, b + a^{1+\sigma})$. Nun ist
$sg = (a,b)(c,d) = (a + c, b + d + c^\sigma a)$. Andererseits ist
$gs^{-1} = (c,d)(a, b + a^{1+\sigma}) = (a + c, b + d + a^{1+\sigma} + a^\sigma c)$. Aus
$sg = gs^{-1}$ folgt also, daß $a^{1+\sigma} + a^\sigma c + ac^\sigma = 0$ ist. Nun ist
$(a + c)^{1+\sigma} = a^{1+\sigma} + a^\sigma c + ac^\sigma + c^{1+\sigma}$ und daher ist
$(a + c)^{1+\sigma} = c^{1+\sigma}$. Aus (1.13) folgt nun, daß $a = 0$ ist. Dann ist
aber $g^2 = 1$: ein Widerspruch. (d) folgt aus (c), wenn man noch
bemerkt, daß alle Elemente der Ordnung 4 in einer Quaternionengruppe reell sind. (e) folgt aus der Bemerkung, daß der Normalisator einer 2-Sylowgruppe der Stabilisator eines geeigneten
Punktes ist. (f) folgt, weil $o(\mathfrak{Z}S) = q$ ist und weil Z auf S
fixpunktfrei operiert.

Der Frobeniuskern K von G_P ist eine 2-Sylowgruppe von G. Ist
$1 \neq k \in K$, so ist $\mathcal{L}_G(k) \leq K$, da ja G_P eine Frobeniusgruppe ist.
Somit gilt

(4.2) <u>Der Zentralisator eines 2-Elementes aus G ist eine 2-Gruppe.</u>

Es sei Q ein von P verschiedener Punkt und $H = G_{P,Q}$. Ferner sei
i eine Involution, die P mit Q vertauscht. Diese Bezeichnungen
werden im folgenden beibehalten werden.

Wir nennen ein Element einer Gruppe streng reell, wenn es Produkt zweier Involutionen ist. Hiermit gilt

(4.3) <u>Ein streng reelles Element</u> $g \neq 1$ <u>aus G ist entweder eine Involution oder aber konjugiert zu einem Element</u> ji, <u>wobei j eine Involution aus K ist. Sind</u> j <u>und</u> j' <u>Involutionen aus K, so sind</u> ji <u>und</u> $j'i$ <u>genau dann konjugiert, wenn</u> $j = j'$ <u>ist.</u>

Beweis. Sei $g \neq 1$ streng reell. Dann ist $g = k_1 k_2$ und k_i ist eine Involution aus G. Es sei K_i die 2-Sylowgruppe von G, die k_i enthält. Ist $K_1 = K_2$, so ist offensichtlich g eine Involution. Sei also $K_1 \neq K_2$. Es sei R der Fixpunkt von i. Dann ist $G_P \cap G_R$ eine zu H konjugierte Untergruppe, die die Involutionen von G_R transitiv untereinander permutiert. K_3 sei der Frobeniuskern von G_R. Aus der zweifachen Transitivität von G folgt, daß es ein $h \in G$ gibt mit $k_1^h \in K$ und $k_2^h \in K_3$. Ferner gibt es ein $l \in G_P \cap G_R$ mit $k_2^{hl} = i$. Somit ist $g^{hl} = ji$, wobei j eine Involution aus K ist.

j und j' seien zwei Involutionen aus K. Ferner seien $a = ji$ und $b = j'i$ konjugiert. Aus (4.2) folgt, daß a und b ungerade Ordnung haben, da wegen $i \notin K$ die Zentralisatoren $\mathcal{C}_G(i)$ und $\mathcal{C}_G(j)$ trivialen Durchschnitt haben. Ferner folgt ebenfalls aus (4.2), daß die Zentralisatoren von a und b ungerade Ordnung haben. Nun ist $i \in \mathcal{C}_G^*(a)$. Wegen $[\mathcal{C}_G^*(a) : \mathcal{C}_G(a)] \leq 2$ ist daher $\langle i \rangle$ eine 2-Sylowgruppe von $\mathcal{C}_G^*(a)$. Ebenso ist $\langle i \rangle$ eine 2-Sylowgruppe von $\mathcal{C}_G^*(b)$. Da $\mathcal{C}_G(b)$ ungerade Ordnung hat, gibt es ein $h \in \mathcal{C}_G(b)$ mit $\langle i^{gh} \rangle = \langle i \rangle$, falls nur $a^g = b$ ist. Es ist also $k = gh \in \mathcal{C}_G(i)$ und $a^k = b$. Dann ist aber $j^k = j'$. somit ist $k \in G_P \cap \mathcal{C}_G(i) = 1$, dh. es ist $j = j'$, q. e. d.

(4.4) <u>Es sei g ein streng reelles Element mit $g^2 \neq 1$. Dann gilt:
Der Zentralisator $A = \mathcal{C}_G(g)$ von g ist abelsch. Ist $1 \neq g' \in A$,
so ist g' streng reell und $\mathcal{C}_G(g') = A$. Die Gruppe $\mathcal{N}_G A/A$ ist
eine zyklische Gruppe, deren Ordnung ein Teiler von 4 ist.</u>

Beweis. Da g keine Involution ist, ist g nach (4.3) konjugiert
zu einem Element ji, wobei j eine Involution aus K ist. Wie wir
beim Beweise von (4.3) gesehen haben, ist die Ordnung von g daher ungerade. Aus (4.2) folgt dann, daß auch die Ordnung von A
ungerade ist. g ist nach Annahme Produkt zweier Involutionen j
und k. Dann ist $jgj = j^2kj = g^{-1}$ und daher $j \in \mathcal{N}_G A$. Somit ist
die Ordnung von $\mathcal{N}_G A/A$ gerade. Sei nun s irgendeine Involution
aus $\mathcal{N}_G A$. Nach (4.2) ist der Zentralisator von s eine 2-Gruppe.
Folglich ist s mit keinem Element aus A vertauschbar. Hieraus
folgt, daß $sas = a^{-1}$ ist für alle $a \in A$. Somit ist A abelsch.
Ferner ist $a = sa^{-1}s$ und sa^{-1} involutorisch. Folglich ist jedes
Element aus A streng reell. Ist $1 \neq g' \in A$, so ist $A \leq \mathcal{C}_G(g')$
und $\mathcal{C}_G(g')$ ist wiederum abelsch, da ja g' streng reell und von
ungerader Ordnung ist. Hieraus folgt, daß $\mathcal{C}_G(g') = A$ ist. Nach
(3.1) ist A eine Hallsche Untergruppe von G. Somit zerfällt
nach einem Satz von Zassenhaus-Schur $\mathcal{N}_G A$ über A. Da jede Involution aus $\mathcal{N}_G A$ alle Elemente von A auf ihr Inverses abbildet,
enthält ein Komplement C von A genau eine Involution. Aus (4.2)
folgt daher, daß C eine 2-Gruppe ist, da ja die einzige Involution aus C im Zentrum von C liegt. Aus (4.1) folgt, daß
Exp $C \leq 4$ ist. Nun kann C ebenfalls nach (4.1) keine Quaternionengruppe sein. Somit ist C zyklisch. Damit ist (4.4) bewiesen.

Aus (4.4) folgt sofort

(4.5) <u>Sind g und g' streng reelle Elemente ungerader Ordnung</u>

und ist g' ∉ $\mathcal{L}_G(g)$, so ist $\mathcal{L}_G(g) \cap \mathcal{L}_G(g') = 1$.

Wir zeigen nun

(4.6) **Ist** $g \in G$ **reell, so ist** g **streng reell.**

Beweis. Ist g eine Involution, so gibt es zwei Involutionen j und k mit g = jk, da eine 2-Sylowgruppe von G mehr als eine Involution enthält und da alle Involutionen aus G konjugiert sind. Sei also $g^2 \neq 1$. Sei ferner $g^h = g^{-1}$. Dann ist $g^{h^2} = g$. Somit ist $h^2 \in \mathcal{L}_G(g)$. Nun ist g keine Involution. Da g reell ist, kann g nach (4.1) (c) kein 2-Element sein. Aus (4.2) folgt daher, daß $h^2 = 1$ ist. Daher ist $g = hg^{-1}h$ das Produkt der beiden Involutionen hg^{-1} und h, q. e. d.

Bevor wir alle Untergruppen der Suzukigruppen angeben, seien noch zwei Sätze mitgeteilt, die wir im folgenden benötigen.

(4.7) **Satz** (Singer). **Ist** $\mathcal{R}$ **ein endlicher desarguesscher projektiver Raum, so besitzt** $\mathcal{R}$ **eine auf den Punkten transitive zyklische Kollineationsgruppe, die in der projektiven Gruppe von** $\mathcal{R}$ **enthalten ist.**

Der Beweis von (4.7) ist so einfach, daß wir ihn hier übergehen können.

An (4.7) schließen sich eine Reihe von kombinatorischen und zahlentheoretischen Untersuchungen an, auf die wir hier nicht eingehen können. Für Einzelheiten siehe H. J. Ryser, Combinatorial Mathematics. Carus Math. Monographs. New York 1963. Siehe auch H. Karzel, Projektive Räume mit einer kommutativen transitiven Kollineationsgruppe. Math. Zeitschr. 87 (1965), 74-77.

(4.8) **Satz** (Wielandt). <u>Ist G eine endliche Gruppe, ist H eine nilpotente Hallsche Untergruppe von G und ist ferner U eine Untergruppe von G, deren Ordnung die Ordnung von H teilt, so gibt es ein g ε G mit $U^g \leq H$.</u>

H. Wielandt, Zum Satz von Sylow. Math. Zeitschr. 60 (1954), 407-408.

Ist π eine Menge von Untergruppen einer Gruppe G, so nennen wir π eine Partition von G, falls jedes von 1 verschiedene Element aus G in genau einer Gruppe aus π enthalten ist. Die Untergruppen, die zu π gehören, nennen wir die Komponenten der Partition π. Eine Partition π heißt nicht-trivial, falls π mindestens zwei Komponenten enthält. Ferner nennen wir eine Partition π normal, falls mit U auch alle zu U konjugierten Untergruppen Komponenten von π sind.

(4.9) **Satz** (Suzuki). Ist $G \cong S(q)$, <u>so sind alle Elemente ungerader Ordnung von G reell. Die Zentralisatoren der reellen Elemente $\neq 1$ von G bilden eine normale Partition π von G. Die Partition π besteht aus vier Klassen konjugierter Untergruppen: den 2-Sylowgruppen von G, einer Klasse von zyklischen Gruppen der Ordnung q - 1, einer Klasse von zyklischen Gruppen der Ordnung q + r + 1 und einer Klasse von zyklischen Gruppen der Ordnung q - r + 1. Dabei ist $r^2 = 2q$.</u>

Beweis. Da die Involutionen von G, wie wir gesehen haben, die einzigen reellen Elemente gerader Ordnung sind, und da der Zentralisator einer Involution eine 2-Sylowgruppe von G ist, folgt nach (4.6) und (4.8), daß die Zentralisatoren der reellen Elemente $\neq 1$ von G eine normale Partition bilden, wenn wir zeigen, daß alle Elemente ungerader Ordnung reell sind.

Aus jeder Konjugiertenklasse von Zentralisatoren reeller Elemente ungerader Ordnung nehmen wir einen Vertreter. A_0, A_1, ..., A_s seien diese Vertreter. Ferner sei $A_0 = H$. Schließlich sei $a_i = o(A_i)$ und $b_i = [\mathfrak{N}_G A_i : A_i]$. Aus (4.4) und (3.1) folgt, daß A_i eine Hallsche Untergruppe von G ist. Da die Konjugierten von A_i nach (4.6) und (4.5) paarweise den Durchschnitt 1 haben, folgt, daß die Vereinigung der Konjugierten von A_i aus genau $(a_i - 1)b_i^{-1} + 1$ Klassen konjugierter reeller Elemente besteht. Aus (4.3) und (4.1) (b) folgt daher

(i) $\quad q - 1 = \sum_{i=0}^{s} (a_i - 1) b_i^{-1}$.

Ist d die Anzahl der nicht reellen Elemente ungerader Ordnung, so ist ferner

(ii) $g = o(G) = 1 + (q^2 + 1)(q^2 - 1) + \sum_{i=0}^{s} (a_i - 1)g b_i^{-1} a_i^{-1} + d$.

Nach (4.4) ist $b_i = 2$ oder 4. Für u der Indizes sei $b_i = 2$. Dann ist für $v = s - u + 1$ der Indizes $b_i = 4$. Nach (2.6) ist $b_0 = 2$ und daher $u \geq 1$. Ferner ist 3 kein Teiler von a_i. Daher gilt für alle i, daß $(a_i - 1)/a_i \geq 4/5$ ist. Dividiert man nun (ii) durch g so erhält man

$$1 = g^{-1} + g^{-1}(q^2 + 1)(q^2 - 1) + g^{-1}d + \sum_{i=0}^{s} (a_i - 1)a_i^{-1} b_i^{-1}$$
$$> \frac{4}{5} \sum_{i=0}^{s} b_i^{-1} = \frac{2}{5}u + \frac{1}{5}v.$$

Also ist $2u + v \leq 4$. Diese Ungleichung hat die Lösungen $u = 2$, $v = 0$ und $u = 1$ und $v = 0,1,2$. Sei $u = 2$ und $v = 0$. Dann ist $s = 1$.

Nach (i) ist daher $2(q - 1) = q - 2 + a_1 - 1$. Folglich ist
$a_1 = q + 1$. Dann ist aber $q + 1$ ein Teiler von $(q^2 + 1)(q - 1)q^2$:
ein Widerspruch. Also ist $u = 1$. Ist $v = 0$, so ist $s = 0$. Dann
ist $2(q - 1) = q - 2$ und daher $q = 0$: ein Widerspruch. Sei
$v = 1$. Dann ist $s = 1$. Aus (i) folgt dann, daß
$4(q - 1) = 2(q - 2) + a_1 - 1$ und somit $a_1 = 2q + 1$ ist. Nun sind
a_1 und $q - 1$ teilerfremd, da 3 kein Teiler der Ordnung von G
ist. Somit ist a_1 ein Teiler von $q^2 + 1$. Also ist
$q^2 + 1 = k(2q + 1)$. Folglich ist $k \equiv 1 \mod q$. Aus $q > 2$ folgt,
daß $k > 1$ ist. Somit ist $k \geq q + 1$. Folglich ist
$q^2 + 1 = k(2q + 1) \geq (q + 1)(2q + 1) > q^2 + 1$: ein Widerspruch.
Also ist $v = 2 = s$. Dann ist nach (i)
$4(q - 1) = 2(q - 2) + a_1 - 1 + a_2 - 1$. Also ist

(iii) $\qquad a_1 + a_2 = 2(q + 1)$

Aus (iii) folgt nun die Gleichung

$$(a_1 - 1)g(4a_1)^{-1} + (a_2 - 1)g(4a_2)^{-1} = g(4a_1a_2)^{-1}(2a_1a_2 - 2(q+1)).$$

Setzt man dies in (ii) ein, so erhält man mit $d = ca_1a_2q^2(q - 1)$

(iv) $\qquad (q^2 + 1)(q + 1) = a_1a_2(q + 1) + 2(a_1a_2)^2 c.$

Ist nun x ein nicht-reelles Element ungerader Ordnung von G, so
enthält $\mathcal{C}_G(x)$ nach (4.6) und (4.4) kein reelles Element $\neq 1$.
Da die A_i nilpotente Hallgruppen sind, folgt daher nach (4.8),
daß die Ordnung von $\mathcal{C}_G(x)$ zu $2(q - 1)a_1a_2$ teilerfremd ist. Da
nach dem gleichen Schluß $q - 1$, a_1 und a_2 paarweise teilerfremd
sind, folgt daher, daß $[G: \mathcal{C}_G(x)]$ durch $q^2(q - 1)a_1a_2$ teilbar
ist. Dann ist aber auch d durch $q^2(q - 1)a_1a_2$ teilbar. Folglich

ist c eine ganze Zahl.

Nun ist $a_1 a_2$ ein Teiler von $q^2 + 1$. Ferner ist $(q + 1, q^2 + 1) = 1$. Aus (iv) folgt daher, daß $q + 1$ ein Teiler von c ist. Ferner folgt aus (iv), daß $\frac{1}{2}(q + 1) > c(a_1 a_2)^2 (q^2 + 1)^{-1}$ ist. Schließlich folgt aus (iii), daß $a_1 a_2 \geq q + 1$ ist. Somit ist $\frac{1}{2}(q + 1) > c(q + 1)^2 (q^2 + 1)^{-1} > c$. Da c eine nichtnegative ganze Zahl ist und da weiterhin $c \equiv 0 \mod q + 1$ ist, ist $c = 0$. Folglich ist auch $d = 0$. Wir haben also gezeigt, daß alle Elemente ungerader Ordnung von G reell sind. Die Zentralisatoren der reellen Elemente $\neq 1$ bilden daher, wie wir bereits bemerkten, eine normale Partition π von G. Ferner haben wir bereits gezeigt, daß π aus vier Klassen konjugierter Untergruppen besteht. Eine dieser Klassen besteht aus den 2-Sylowgruppen von G. Eine zweite Klasse aus den zyklischen Gruppen der Ordnung $q - 1$. Um die Struktur der Gruppen in den beiden restlichen Klassen zu bestimmen, berechnen wir zunächst a_1 und a_2. Wir wissen bereits, daß $a_1 + a_2 = 2(q + 1)$ ist. Aus (iv) folgt, da $c = 0$ ist, daß $a_1 a_2 = q^2 + 1$ ist. Es ist also $a_1 = 2(q + 1) - a_2$ und daher $-a_2^2 + 2(q + 1)a_2 = q^2 + 1$. Hieraus folgt, daß $(a_2 - q - 1)^2 = 2q$ ist. Nun ist $2q$ ein Quadrat. Setze $r^2 = 2q$. Dann ist $a_2 = q + r + 1$ oder $q - r + 1$. Ebenso ist natürlich auch $a_1 = q + r + 1$ oder $q - r + 1$. Ist nun $a_1 = q + r + 1$, so folgt aus (iii), daß $a_2 = q - r + 1$ ist. Es gibt daher, wenn man von der Numerierung der a_i absieht, nur eine Lösung für die beiden Gleichungen $a_1 + a_2 = 2(q + 1)$ und $a_1 a_2 = q^2 + 1$. Somit ist auch die Aussage über die Ordnungen der verbleibenden Komponenten bewiesen. Nun ist G eine Untergruppe der PGL(4,q). Ferner enthält PGL(4,q) nach (4.7) eine zyklische Untergruppe Z der Ordnung $(q + 1)(q^2 + 1)$, da diese Zahl ja gleich der Punkteanzahl

des 3-dimensionalen projektiven Raumes über GF(q) ist. Nun ist
$$o(PGL(4,q)) = q^6(q^4 - 1)(q^3 - 1)(q^2 - 1) =$$
$$= q^6(q^2 + 1)(q - 1)^3(q^2 + q + 1)(q + 1)^2.$$
Da q gerade ist, ist
$(q^2 + 1, q^6(q - 1)^3(q^2 + q + 1)(q + 1)^2) = 1$. Nun enthält Z, da
Z zyklisch ist und da $q^2 + 1$ ein Teiler der Ordnung von Z ist,
eine Untergruppe Z_0 der Ordnung $q^2 + 1$. Nach dem eben Bemerkten
ist Z_0 eine Hallsche Untergruppe von PGL(4,q). Da Z_0 zyklisch
(also erst recht nilpotent) ist, und da $q + r + 1$ bzw. $q - r + 1$
Teiler von $q^2 + 1$ sind, folgt schließlich aus (4.8), daß auch
A_1 und A_2 zyklisch sind. Damit ist (4.9) vollständig bewiesen.

(4.10) <u>Korollar</u> (Suzuki). <u>Die Sylowgruppen ungerader Ordnung der Suzukigruppen sind zyklisch.</u>

Beweis. Sei S eine Sylowgruppe ungerader Ordnung von G und
$1 \neq s \in \mathfrak{Z}S$. Nach (4.9) ist $\mathcal{C}_G(s) \in \pi$. Da $\mathcal{C}_G(s)$ keine 2-Gruppe
ist, ist $\mathcal{C}_G(s)$ also zyklisch. Nun ist $S \leq \mathcal{C}_G(s)$. Folglich ist
auch S zyklisch, q. e. d.

(4.11) <u>Korollar</u> (Suzuki). <u>Der Zentralisator eines von 1 verschiedenen Elementes einer Suzukigruppe ist nilpotent.</u>

Beweis. Dies ist sicherlich richtig für die reellen Elemente von
G. Ist $g \in G$ nicht reell, so ist die Ordnung von g gleich 4.
Aus (4.2) folgt daher die Behauptung.

Es sei nun U eine Untergruppe ungerader Ordnung von G. Nach (4.10)
sind dann alle Sylowgruppen von U zyklisch. Bekanntlich ist U
daher auflösbar. Somit enthält U einen Normalteiler N von Prim-

zahlpotenzordnung. Da $\mathfrak{Z}N \neq 1$ ist, gibt es nach (4.9) ein
$i \in \{0,1,2\}$, so daß N zu einer Untergruppe von A_i konjugiert
ist. Wir können daher annehmen, daß $N \leq A_i$ ist. Ist $g \in \mathfrak{N}_G N$,
so ist $N \leq A_i \cap A_i^g$. Da π eine normale Partition ist, ist daher
$A_i = A_i^g$, dh. $\mathfrak{N}_G N$ ist in $\mathfrak{N}_G A_i$ enthalten. Nun ist N normal in
U und daher $U \leq \mathfrak{N}_G A_i$. Da die Ordnung von U ungerade ist, und
da $\mathfrak{N}_G A_i / A_i$ nach (4.4) eine 2-Gruppe ist, folgt schließlich,
daß $U \leq A_i$ ist. Wir haben also gezeigt, daß alle Untergruppen
ungerader Ordnung von G zyklisch sind und in einer Komponente
von π liegen.

Sei nun U eine auflösbare Untergruppe gerader Ordnung von G.
Zwei verschiedene 2-Sylowgruppen von G haben nur die Identität
gemeinsam und folglich gilt dies auch für U. Ferner gilt wegen
(4.2), daß der Zentralisator eines 2-Elementes von U eine 2-
Gruppe ist. U erfüllt also die Voraussetzungen von (3.4). Da
(ZT)-Gruppen nach (2.9) einfach sind, gilt also nach (3.4),
wenn S eine 2-Sylowgruppe von U ist, daß entweder S ein Normalteiler von U ist oder aber daß U eine Frobeniusgruppe mit dem
Frobeniuskomplement S ist. Im ersten Falle sieht man sofort,
daß U im Normalisator einer 2-Sylowgruppe von G liegt, während
im zweiten Falle genauso wie oben folgt, daß U für ein geeignetes
$i \in \{0,1,2\}$ zu einer Untergruppe von $B_i = \mathfrak{N}_G A_i$ konjugiert ist.

Sei schließlich U nicht auflösbar. Dann ist, falls S eine 2-
Sylowgruppe ist, S sicherlich nicht normal in U, da U/S wegen
(4.10) auflösbar wäre. Ferner kann S kein Frobeniuskomplement
sein, da dann U wiederum auflösbar wäre. U ist also nach (3.4)
eine (ZT)-Gruppe. Da 3 kein Teiler von O(U) ist, ist U daher
nach (3.6) isomorph zur S(s) mit einem geeigneten s. Der
Stabilisator zweier Punkte hat die Ordnung s - 1. Hieraus folgt,

daß s - 1 ein Teiler von q - 1 ist. Somit ist q eine Potenz von
s. Ist umgekehrt q eine Potenz von s, so ist GF(s) in GF(q)
enthalten. Die Konstruktion von S(q) zeigt nun, daß auch S(s)
in S(q) enthalten ist. Somit gilt der

(4.12) <u>Satz</u> (Suzuki). <u>Die Gruppe</u> S(q) <u>enthält die folgenden Untergruppen: Eine Frobeniusgruppe</u> H <u>der Ordnung</u> $q^2(q - 1)$ <u>(die Gruppe</u> H <u>ist der Normalisator einer 2-Sylowgruppe von</u> S(q)), <u>eine Diedergruppe der Ordnung</u> $2(q - 1)$, <u>eine zyklische Gruppe</u> A_i <u>der Ordnung</u> $q - (-1)^i r + 1$ $(i = 1,2)$, <u>wobei</u> $r^2 = 2q$ <u>ist und den Normalisator</u> $B_i = \mathfrak{N}_G A_i$ <u>von</u> A_i, <u>dessen Ordnung gleich</u> $4o(A_i)$ <u>ist.</u>
Schließlich die Gruppe S(s), <u>falls</u> $q = s^m$ <u>und</u> $s \geq 8$ <u>ist. Ist umgekehrt</u> U <u>eine Untergruppe von</u> G, <u>so ist entweder</u> U <u>isomorph zur</u> S(s) <u>für ein passendes</u> s <u>oder aber</u> U <u>ist zu einer Untergruppe von</u> H <u>oder von</u> B_i $(i = 0,1,2)$ <u>konjugiert.</u>

Um im weiteren Verlauf unserer Untersuchungen von Satz 3.6 unabhängig zu sein, beweisen wir noch

(4.13) <u>Sind</u> S <u>und</u> T <u>zwei verschiedene 2-Sylowgruppen von</u> G, <u>so wird</u> G <u>von</u> $\mathfrak{Z}$S <u>und</u> $\mathfrak{Z}$T <u>erzeugt.</u>

Beweis. Es sei $G_0 = \langle \mathfrak{Z}S, \mathfrak{Z}T \rangle$. Dann erfüllt G_0 die Voraussetzungen von (3.4). Da G_0 mehr als eine 2-Sylowgruppe enthält und
da eine 2-Sylowgruppe von G_0 mehr als eine Involution besitzt,
ist G_0 nach (3.4) eine (ZT)-Gruppe. Der Grad von G_0 ist N + 1
und N ist nach (3.4) eine Potenz von 2. Es sei S_0 eine 2-Sylowgruppe von G_0, die $\mathfrak{Z}$S enthält. Dann ist, wie wir beim Beweise
von (3.2) gesehen haben, $\mathfrak{N}_{G_0} S_0$ transitiv auf den Involutionen
von S_0. Somit ist $o(\mathfrak{N}_{G_0} S_0) = N(q - 1)$. Hieraus folgt, daß

$q - 1$ ein Teiler von $N - 1$ ist. Ferner ist q ein Teiler von N. Aus $q \leq N \leq q^2$ folgt daher, daß entweder $N = q$ oder $N = q^2$ ist. Wäre $N = q$, so wäre $o(G_0) = (q + 1)q(q - 1)$. Dann wäre aber 3 ein Teiler von $o(G)$ im Widerspruch zu (1.12). Also ist $N = q^2$ und daher $o(G_0) = o(G)$. Dann ist aber auch $G = G_0$, q. e. d.

5. Inzidenzstrukturen.

Es sei $\mathcal{R}$ eine Menge, deren Elemente wir Punkte nennen, und $\mathcal{L}$ eine Menge, deren Elemente wir Blöcke nennen. Ferner sei I eine Teilmenge von $\mathcal{R} \times \mathcal{L}$. Das Tripel $\mathcal{J} = \{\mathcal{R}, \mathcal{L}, I\}$ heißt eine Inzidenzstruktur. Statt $(P, b) \in I$ schreiben wir im folgenden kürzer P I b und statt $(P, b) \notin I$ schreiben wir P $\cancel{I}$ b. Gilt P I b, so sagen wir P inzidiert mit b, der Punkt P liegt auf dem Block b, der Block b geht durch den Punkt P, usw.

Sind $\mathcal{J} = \{\mathcal{R}, \mathcal{L}, I\}$ und $\mathcal{J}' = \{\mathcal{R}', \mathcal{L}', I'\}$ zwei Inzidenzstrukturen, ist σ eine umkehrbare Abbildung von $\mathcal{R}$ auf $\mathcal{R}'$ und τ eine umkehrbare Abbildung von $\mathcal{L}$ auf $\mathcal{L}'$, so heißt das Abbildungspaar $\varrho = (\sigma, \tau)$ ein Isomorphismus von $\mathcal{J}$ auf $\mathcal{J}'$ (und $\mathcal{J}$ und $\mathcal{J}'$ isomorph), falls P I b mit P^σ I' b^τ gleichbedeutend ist. Ist $\mathcal{J} = \mathcal{J}'$, so heißt ϱ ein Automorphismus oder auch Kollineation von $\mathcal{J}$.

Im folgenden werden wir ϱ, σ und τ stets mit dem gleichen Buchstaben bezeichnen. Dabei ist jedoch Vorsicht geboten, falls $\mathcal{R} \cap \mathcal{L} \neq \emptyset$ ist.

Ist $\mathcal{J} = \{\mathcal{R}, \mathcal{L}, I\}$, so sei $I^d = \{(b, P) | P \, I \, b\}$. Die Inzidenzstruktur $\mathcal{J}^d = \{\mathcal{L}, \mathcal{R}, I^d\}$ heißt die zu $\mathcal{J}$ duale Inzidenzstruktur. Ist ϱ ein Isomorphismus von $\mathcal{J}$ auf $\mathcal{J}^d$, so nennen wir ϱ eine Dualität von $\mathcal{J}$. Ist $\varrho^2 = 1$, so heißt ϱ Polarität.

Wir nennen die Inzidenzstruktur $\mathcal{J} = \{\mathcal{R}, \mathcal{L}, I\}$ endlich, falls $\mathcal{R}$ und $\mathcal{L}$ beide endlich sind. In diesem Falle setzen wir $v = |\mathcal{R}|$ und $b = |\mathcal{L}|$.

Eine endliche Inzidenzstruktur heißt taktische Konfiguration, falls es zwei natürliche Zahlen k und r gibt, so daß auf jedem Block von $\mathcal{J}$ genau k Punkte liegen und durch jeden Punkt von $\mathcal{J}$ genau r Blöcke gehen. Zählt man die Paare (P, ℓ) ε I, indem man zuerst die Punkte abzählt und dann die mit einem Punkt inzidierenden Blöcke, so erhält man |I| = vr. Da die zu einer taktischen Konfiguration duale Inzidenzstruktur wieder eine taktische Konfiguration ist, ist $|I^d|$ = bk. Nun ist |I| = $|I^d|$. Daher gilt

(5.1) <u>Ist $\mathcal{J}$ eine taktische Konfiguration mit den Parametern</u> v,b,k,r, <u>so ist</u> vr = bk.

Eine endliche Inzidenzstruktur $\mathcal{J}$ heißt Blockplan, falls es natürliche Zahlen k und λ gibt mit k $\leq$ v - 1, so daß zwei verschiedene Punkte von $\mathcal{J}$ stets mit genau λ Blöcken inzidieren.

Ist $\mathcal{J}$ ein Blockplan und ist P ein Punkt von $\mathcal{J}$, so bezeichnen wir mit $\mathcal{J}$(P) die Inzidenzstruktur, die aus $\mathcal{J}$ entsteht, wenn man aus $\mathcal{J}$ den Punkt P und alle nicht mit P inzidierenden Blöcke entfernt. Ist r die Anzahl der Blöcke durch P, so ist $\mathcal{J}$(P) offensichtlich eine taktische Konfiguration mit den Parametern v - 1, r, k - 1 und λ . Nach (5.1) ist daher r(k - 1) = λ(v - 1). Die Zahl r ist also von P unabhängig. Folglich ist $\mathcal{J}$ auch eine taktische Konfiguration. Daher gilt

(5.2) <u>Ist $\mathcal{J}$ ein Blockplan mit den Parametern</u> v,b,k,r, λ , <u>so ist</u> vr = bk <u>und</u> r(k - 1) = λ(v - 1).

Es sei I = I_v die Einheitsmatrix vom Range v und J = (j_{ik}) mit j_{ik} = 1 für i,k = 1,2,...,v. Mit diesen Bezeichnungen gilt

(5.3) **Ist** $B = (r - \lambda)I + \lambda J$, **so ist**
$\det B = (r + (v - 1)\lambda)(r - \lambda)^{v-1}$.

Beweis. Für $1 \leq s \leq v$ definieren wir den Vektor
$E_s = (e_{1s}, e_{2s}, \ldots, e_{vs})$ folgendermaßen: Ist $s \leq v - 1$, so sei
$e_{is} = 0$ für $i \neq s, s + 1$. Ferner sei $e_{ss} = 1$ und $e_{s+1,s} = -1$.
Außerdem sei $E_v = (1, 1, \ldots, 1)$. Bezeichnet man mit E^t den zu E
transponierten Vektor, so ist, da die Zeilensumme von B gleich
$r + (v - 1)\lambda$ ist,
$$BE_v^t = (r + (v - 1)\lambda)E_v^t.$$
Für $s \leq v - 1$ ist
$$\sum_{j=1}^{v} b_{ij}e_{js} = b_{is} - b_{is+1} = \begin{cases} r - \lambda & \text{für } i = s, \\ \lambda - r & \text{für } i = s + 1, \\ 0 & \text{sonst.} \end{cases}$$
Daher ist
$$BE_s^t = (r - \lambda)E_s^t \quad \text{für } 1 \leq s \leq v - 1.$$
Nun sind die Vektoren E_s linear unabhängig. Somit ist $r + (v - 1)\lambda$
ein Eigenwert mit der Vielfachheit 1 und $r - \lambda$ ein Eigenwert mit
der Vielfachheit $v - 1$ von B. Daher ist
$\det B = (r + (v - 1)\lambda)(r - \lambda)^{v-1}$, q. e. d.

Es sei $\mathfrak{J}$ eine endliche Inzidenzstruktur. $P_1, \ldots, P_v$ seien die
Punkte von $\mathfrak{J}$ und $\mathscr{b}_1, \mathscr{b}_2, \ldots, \mathscr{b}_b$ seien die Blöcke. Wir definieren die Matrix $A = (a_{ij})$ durch $a_{ij} = 1$, falls $P_j \, I \, \mathscr{b}_i$,
und $a_{ij} = 0$, falls $P_j \not{I} \, \mathscr{b}_i$. Die Matrix A heißt die Inzidenzmatrix von $\mathfrak{J}$. Die Matrix A hat also b Zeilen und v Spalten. Mit
A^t bezeichnen wir die zu A transponierte Matrix. Es gilt nun

(5.4) **Ist** $\mathfrak{J}$ **ein Blockplan, so ist** $A^tA = (r - \lambda)I + \lambda J$.

Beweis. Es sei $A^tA = (b_{ij})$. Dann ist $b_{ij} = \sum_{k=1}^{v} a_{ki}a_{kj}$. Ist nun
$i = j$, so stehn in der i-ten Spalte von A genau r Einsen, da

P_i mit genau r Blöcken inzidiert. Somit ist $b_{ii} = r$. Ist $i \neq j$, so inzidieren P_i und P_j mit genau λ Blöcken gleichzeitig. Somit ist $b_{ij} = \lambda$, q. e. d.

Wir beweisen nun

(5.5)(Ungleichung von Fisher) Ist $\mathfrak{J}$ ein Blockplan mit v Punkten und b Blöcken, so ist $b \geq v$ (und daher auch $r \geq k$).

Beweis. A sei die Inizidenzmatrix von $\mathfrak{J}$. Angenommen es sei $b < v$. Dann fügen wir zu A noch $v - b$ weitere Zeilen mit lauter Nullen hinzu. A* sei die Matrix, die wir auf diese Weise erhalten. Dann ist det A* = 0. Andrerseits ist $A^{*t}A^* = (r - \lambda)I + \lambda J$. Aus (5.3) folgt daher, daß $r = \lambda$ ist. Aus (5.2) folgt dann, daß $k - 1 = v - 1$ ist. Nun ist bei einem Blockplan stets $k \leq v - 1$. Wir erhalten daher den Widerspruch, daß $k \leq k - 1$ ist.

Ist $\mathfrak{J}$ ein Blockplan mit $v = b$, so nennen wir $\mathfrak{J}$ projektiv oder auch symmetrisch. Es gilt nun

(5.6) Ist $\mathfrak{J}$ ein projektiver Blockplan mit den Parametern v, k, λ, so schneiden sich zwei verschiedene Blöcke von $\mathfrak{J}$ stets in genau λ Punkten.

Beweis. Die Aussage von (5.6) ist offensichtlich gleichbedeutend damit, daß die zu $\mathfrak{J}$ duale Inzidenzstruktur $\mathfrak{J}^d$ ebenfalls ein Blockplan mit den gleichen Parametern wie $\mathfrak{J}$ ist. Ist nun A die Inzidenzmatrix von $\mathfrak{J}$, so ist A^t die Inzidenzmatirx von $\mathfrak{J}^d$. Es genügt daher zu zeigen, daß $A^tA = AA^t$ ist.

Da $b = v$ ist, ist nach (5.2) auch $r = k$. Somit ist nach (5.4)

und (5.3) det (A^tA) = det $((k - \lambda)I + \lambda J) \neq 0$. Folglich ist A^t nicht singulär. Nun ist $A^tJ = kJ$, da ja durch jeden Punkt genau k Blöcke gehen. Ferner ist $AJ = kJ$, da auch auf jedem Block genau k Punkte liegen. Hieraus folgt, daß $JA^t = kJ$ ist. Somit ist $JA^t = A^tJ$. Hieraus folgt, daß
$AA^t = (A^t)^{-1}A^tAA^t = (A^t)^{-1}((k - \lambda)I + \lambda J)A^t = A^tA$ ist, q. e. d.

Mit PG(d,q) bezeichnen wir den d-dimensionalen projektiven Raum über GF(q) und mit AG(d,q) den d-dimensionalen affinen Raum. Mit Hilfe dieser Geometrien erhält man auf einfache Weise Blockpläne. Es gilt nämlich

(5.7) Ist $1 \leq i \leq d - 1$, so bilden die Punkte zusammen mit den i-dimensionalen Teilräumen von PG(d,q) einen Blockplan. Dieser Blockplan ist genau dann projektiv, wenn i = d - 1 ist. Ebenso bilden die Punkte zusammen mit den i-dimensionalen Teilräumen von AG(d,q) einen Blockplan.

Der einfache Beweis von (5.7) sei dem Leser überlassen.

Für das folgende benötigen wir einen Satz über Permutationsgruppen.

(5.8) Ist G eine endliche Permutationsgruppe und ist s die Anzahl der Bahnen von G und bezeichnet f(g) die Anzahl der Fixpunkte von $g \in G$, so ist $sO(G) = \sum_{g \in G} f(g)$. Ist G transitiv und ist t die Anzahl der Bahnen der Standuntergruppe eines Punktes, so ist $to(G) = \sum_{g \in G} f(g)^2$.

Beweis. $\mathscr{L}$ sei eine Bahn von G und $P \in \mathscr{L}$. Dann ist

$o(G) = |\mathcal{L}| o(G_P)$. Folglich liefert jedes Element aus $\mathcal{L}$ den Beitrag $o(G)|\mathcal{L}|^{-1}$ zu $\sum f(g)$. Alle Elemente von $\mathcal{L}$ zusammen liefern also den Beitrag $o(G)$ zu dieser Summe. Da es s Bahnen gibt, gilt also $so(G) = \sum_{g \in G} f(g)$. Sei nun G transitiv auf der Menge $\mathcal{L}$. Die Elemente von $\mathcal{L}$ identifizieren wir mit den Ziffern 1,2,...,n. Da G transitiv ist, sind alle G_i konjugiert. Ist $h = o(G_1)$, so ist also nach dem bereits Bewiesenen $th = \sum_{g \in G_i} f(g)$. Folglich ist

$to(G) = tnh = \sum_{i=1}^{n} \sum_{g \in G_i} f(g)$. In der Doppelsumme kommt $f(g)$ sooft vor, wie g in Gruppen G_i vorkommt, dh. $f(g)$-mal. Folglich ist $\sum_{i=1}^{n} \sum_{g \in G_i} f(g) = \sum_{g \in G} f(g)^2$, da ja $f(g) = 0$ ist, falls g in keinem der G_i liegt, q. e. d.

Es sei nun $\mathcal{J}$ eine Inzidenzstruktur und α ein Automorphismus von $\mathcal{J}$. Mit $f_1(\alpha)$ bezeichnen wir die Anzahl der Fixpunkte und mit $f_2(\alpha)$ die Anzahl der Fixblöcke von α. Mit diesen Bezeichneungen gilt dann

(5.9) Ist $\mathcal{J}$ eine Inzidenzstruktur und ist Γ eine Gruppe von Automorphismen von $\mathcal{J}$ mit der Eigenschaft, daß $f_1(\gamma) = f_2(\gamma)$ ist für alle $\gamma \in \Gamma$, so hat Γ ebensoviele Punkt- wie Blockbahnen. Ist Γ transitiv auf den Punkten von $\mathcal{J}$, so ist Γ auch transitiv auf den Blöcken. Ist nun P ein Punkt und $\mathcal{b}$ ein Block von $\mathcal{J}$, so gilt in diesem Falle, daß die Anzahl der Punktbahnen von Γ_P gleich der Anzahl der Blockbahnen von $\Gamma_\mathcal{b}$ ist.

Beweis. Ist s_1 die Anzahl der Punktbahnen von Γ und ist s_2 die Anzahl der Blockbahnen, so ist nach (5.8)
$s_1 o(\Gamma) = \sum_{\gamma \in \Gamma} f_1(\gamma) = \sum_{\gamma \in \Gamma} f_2(\gamma) = s_2 o(\Gamma)$, und daher $s_1 = s_2$. Ist Γ transitiv und ist t_1 die Anzahl der Punktbahnen von Γ_P und

t_2 die Anzahl der Blockbahnen von Γ_b, so ist nach (5.8)
$$t_1 o(\Gamma) = \sum_{\gamma \in \Gamma} f_1(\gamma)^2 = \sum_{\gamma \in \Gamma} f_2(\gamma)^2 = t_2 o(\Gamma) \text{ und daher } t_1 = t_2, \text{ q.e.d.}$$

(5.10)(Baer, Parker). <u>Ist $\mathfrak{J}$ ein projektiver Blockplan, so hat jeder Automorphismus von $\mathfrak{J}$ ebensoviele Fixpunkte wie Fixblöcke.</u>

Beweis. Die Parameter von $\mathfrak{J}$ seien v, k und λ. Ferner sei α ein Automorphismus von $\mathfrak{J}$. Schließlich sei p die Anzahl der Paare (X, η) mit $X \, I \, \eta, \eta^\alpha$. Die Anzahl derjenigen unter diesen Paaren, für die $\eta = \eta^\alpha$ ist, ist $k f_2(\alpha)$ und die Anzahl der übrigen ist $\lambda(v - f_2(\alpha))$, da ja zwei verschiedene Blöcke von $\mathfrak{J}$ sich nach (5.6) in λ Punkten schneiden. Somit ist

$$p = (k - \lambda) f_2(\alpha) + \lambda v.$$

Sei nun p' die Anzahl der Paare (X, η) mit $X, X^{\alpha^{-1}} \, I \, \eta$. Die Anzahl derjenigen unter diesen Paaren, für die $X^\alpha = X$ ist, ist $k f_1(\alpha)$ und die Anzahl der übrigen Paare ist $\lambda(v - f_1(\alpha))$. Somit ist

$$p' = (k - \lambda) f_1(\alpha) + \lambda v.$$

Nun ist $X, X^{\alpha^{-1}} \, I \, \eta$ genau dann, wenn $X \, I \, \eta, \eta^\alpha$ ist. Somit ist $p = p'$. Da $k \neq \lambda$ ist, ist also $f_1(\alpha) = f_2(\alpha)$, q. e. d.

Aus (5.9) und (5.10) folgen

(5.11)(Dembowski, Hughes, Parker) <u>Ist Γ eine Automorphismengruppe eines projektiven Blockplanes, so hat Γ ebensoviele Punkt- wie Blockbahnen.</u>

(5.12) <u>Ist Γ eine transitive Automorphismengruppe eines projektiven Blockplanes, so ist die Anzahl der Punktbahnen von Γ_p gleich der Anzahl der Blockbahnen von Γ_b.</u>

Aus (5.12) folgt schließlich noch

(5.13)(Dembowski) <u>Ist</u> Γ <u>eine Automorphismengruppe eines projektiven Blockplanes, so ist</u> Γ <u>genau dann auf den Punkten dieses Blockplanes zweifach transitiv, wenn</u> Γ <u>auf den Blöcken zweifach transitiv ist.</u>

6. Affine und projektive Ebenen.

Es sei $\mathcal{E} = \{\mathcal{R}, \mathcal{G}, I\}$ eine Inzidenzstruktur. Die Elemente von $\mathcal{G}$ sollen im folgenden Geraden genannt werden. $\mathcal{E}$ heißt projektive Ebene, falls $\mathcal{E}$ die folgenden Bedingungen erfüllt:

(6.1) <u>Durch zwei verschiedene Punkte geht genau eine Gerade.</u>
(6.2) <u>Zwei verschiedene Geraden besitzen einen gemeinsamen Punkt.</u>
(6.3) <u>Es gibt vier verschiedene Punkte, von denen keine drei kollinear sind.</u>

Es gilt nun

(6.4) <u>Unter Voraussetzung von (6.1) und (6.2) ist (6.3) gleichwertig mit der Aussage: Es gibt vier verschiedene Geraden, von denen keine drei konfluent sind.</u>

Beweis. Es genügt offensichtlich zu zeigen, daß es in einer projektiven Ebene $\mathcal{E}$ vier verschiedene Geraden gibt, von denen keine drei konfluent sind. Es seien P, Q, R und S vier verschiedene Punkte von $\mathcal{E}$, von denen keine drei kollinear sind. Dann sind PQ, QR, RS und SP vier Geraden der verlangten Art. Wären etwa PQ, QR und RS konfluent, so wäre Q = R, q. e. a.

Aus (6.4) folgt sofort

(6.5) <u>Die zu einer projektiven Ebene duale Inzidenzstruktur ist ebenfalls eine projektive Ebene.</u>

Es $\mathcal{R}_g = \{P \in \mathcal{R} \mid P \, I \, g\}$ und $\mathcal{G}_P = \{g \in \mathcal{G} \mid P \, I \, g\}$. Dann gilt

(6.6) Ist $\mathcal{E}$ eine projektive Ebene, sind P und Q Punkte und g und h Geraden von $\mathcal{E}$, so ist $|\mathcal{G}_P| = |\mathcal{G}_Q| = |\mathcal{R}_g| = |\mathcal{R}_h| \geq 3$.

Dies folgt sofort aus (6.1) und (6.2), wenn man noch bemerkt, daß es zu zwei Geraden g und h stets einen Punkt X gibt, der weder auf g noch auf h liegt. Daß dies richtig ist, zeigt der Beweis von (6.4). Ferner zeigt der Beweis von (6.4), daß es eine Gerade gibt, die mindestens drei Punkte enthält.

Ist $\mathcal{E}$ eine endliche projektive Ebene und ist $|\mathcal{R}_g| = n + 1$, so heißt n die Ordnung von $\mathcal{E}$. Es gilt dann

(6.7) Ist $\mathcal{E}$ eine endliche projektive Ebene der Ordnung n, so ist $\mathcal{E}$ ein projektiver Blockplan mit den Parametern $n^2 + n + 1$, $n + 1$, 1. Ist umgekehrt $n \geq 2$ und $\mathcal{E}$ ein projektiver Blockplan mit den Parametern $n^2 + n + 1$, $n + 1$, 1, so ist $\mathcal{E}$ mit den Blöcken als Geraden eine endliche projektive Ebene der Ordnung n.

Beweis. Ist $\mathcal{E}$ eine endliche projektive Ebene der Ordnung n, so folgt aus (6.6), daß $\mathcal{E}$ ein projektiver Blockplan mit $k = n + 1$ und $\lambda = 1$ ist. Wegen (5.2) ist daher $v = k(k - 1) + 1 =$ $= n^2 + n + 1$. Sei umgekehrt $n \geq 2$ und $\mathcal{E}$ ein projektiver Blockplan mit den Parametern $n^2 + n + 1$, $n + 1$ und 1. Nennt man die Blöcke von $\mathcal{E}$ Geraden, so gilt natürlich (6.1). Aus (5.6) folgt, daß auch (6.2) gilt. Es sei nun g eine Gerade von $\mathcal{E}$. Da $n \geq 2$ ist, gibt es zwei verschiedene Punkte P und Q von $\mathcal{E}$, die nicht auf g liegen. Auf g gibt es nun mindestens drei verschiedene Punkte. Es gibt also zwei Punkte R und S auf g, die nicht auf der Verbindungsgeraden von P und Q liegen. Offensichtlich genügen nun P, Q, R und S der Bedingung (6.3). Damit ist bereits alles bewiesen.

Ist $\mathcal{R}' \leq \mathcal{R}$, $\mathcal{G}' \leq \mathcal{G}$ und $I' = (\mathcal{R}' \times \mathcal{G}') \cap I$, so ist $\mathcal{F} = \{\mathcal{R}', \mathcal{G}', I'\}$ eine Teilstruktur von $\mathcal{E}$. Die Teilstruktur $\mathcal{F}$ heißt Unterebene von $\mathcal{E}$, falls $\mathcal{F}$ eine projektive Ebene ist. Es gilt nun

(6.8)(Bruck) Ist $\mathcal{E}$ eine endliche projektive Ebene der Ordnung n und ist $\mathcal{F}$ eine echte Unterebene von $\mathcal{E}$ der Ordnung m, so gilt:
a) Gibt es einen Punkt in $\mathcal{E}$, der auf keiner Geraden von $\mathcal{F}$ liegt, so ist $m^2 + m \leq n$.
b) Liegt jeder Punkt von $\mathcal{E}$ auf einer Geraden von $\mathcal{F}$, so ist $m^2 = n$.

Beweis. a) Es sei P ein Punkt von $\mathcal{E}$, der auf keiner Geraden von $\mathcal{F}$ liegt. Dann enthält jede Gerade durch P höchstens einen Punkt von $\mathcal{F}$. Andrerseits ist jeder Punkt von $\mathcal{F}$ mit P verbindbar. Somit ist $m^2 + m + 1 \leq n + 1$.

b) Zwei verschiedene Geraden von $\mathcal{F}$ schneiden sich natürlich in einem Punkt von $\mathcal{F}$. Nun liegt nach unserer Annahme jeder Punkt von $\mathcal{E}$ auf einer Geraden von $\mathcal{F}$. Folglich wird die Menge der Punkte von $\mathcal{E}$, die nicht zu $\mathcal{F}$ gehören, von den Geraden von $\mathcal{F}$ in elementfremde Klassen zerlegt. Da auf jeder Geraden von $\mathcal{F}$ genau n - m Punkte liegen, die nicht zu $\mathcal{F}$ gehören, gilt, daß $m^2 + m + 1 + (n - m)(m^2 + m + 1) = n^2 + n + 1$ ist. Hieraus folgt nach einer einfachen Rechnung, daß $(n - m)(n - m^2) = 0$ ist. Nun ist $n > m$ und daher $n = m^2$, q. e. d.

Ist $\mathcal{E}$ eine endliche projektive Ebene der Ordnung n, so heißt eine Menge $\mathcal{O}$ von n + 1 Punkten von $\mathcal{E}$ ein Oval, falls keine drei Punkte von $\mathcal{O}$ kollinear sind. Eine Gerade von $\mathcal{E}$ heißt Sekante, Tangente oder Passante von $\mathcal{O}$, falls sie mit $\mathcal{O}$ genau zwei, genau einen oder keinen Punkt gemeinsam hat.

(6.9)(Qvist) Ist $\mathcal{O}$ ein Oval in einer endlichen projektiven Ebene der Ordnung n, so geht durch jeden Punkt von $\mathcal{O}$ genau eine Tangente. Ist n gerade, so schneiden sich alle Tangenten von $\mathcal{O}$ in einem Punkt, dem Knoten von $\mathcal{O}$. Ist n ungerade, so sind keine drei Tangenten von $\mathcal{O}$ konfluent.

Beweis. Die erste Aussage folgt sofort aus der Definition eines Ovals und der Tatsache, daß durch jeden Punkt der Ebene genau n + 1 Geraden gehen. Sei nun n gerade. P und Q seien zwei verschiedene Punkte von $\mathcal{O}$. Sei X I PQ und X $\neq$ P,Q. Da die Zahl $|\mathcal{O} - \{P,Q\}| = n - 1$ ungerade ist, gibt es mindestens eine Tangente durch X an $\mathcal{O}$. Da durch P bzw. Q ebenfalls Tangenten an $\mathcal{O}$ gehen, folgt, daß durch jeden Punkt einer Sekante eine Tangente geht. Nun liegen auf einer Sekante genau n + 1 Punkte, während $\mathcal{O}$ genau n + 1 Tangenten besitzt. Hieraus folgt, daß durch jeden Punkt einer Sekante genau eine Tangente an $\mathcal{O}$ geht. Dies besagt wiederum, daß der Schnittpunkt zweier Tangenten niemals auf einer Sekante liegt. Sei nun K der Schnittpunkt zweier Tangenten. Dann enthält jede Gerade durch K höchstens einen Punkt von $\mathcal{O}$. Da andrerseits jeder Punkt von $\mathcal{O}$ mit K verbindbar ist, folgt, daß alle Geraden durch K Tangenten sind. Aus Anzahlgründen folgt, daß alle Tangenten von $\mathcal{O}$ durch K gehen.

Sei nun n ungerade, P ε $\mathcal{O}$ und t die Tangente an $\mathcal{O}$ in P. Ferner sei Q I t und Q $\neq$ P. Nun ist $|\mathcal{O} - \{P\}|$ ungerade. Folglich geht durch Q mindestens eine von t verschiedene Tangente an $\mathcal{O}$. Da $|t - \{P\}| = n$ ist und Q I t - $\{P\}$ beliebig war und es genau n von t verschiedene Tangenten an $\mathfrak{I}$ gibt, folgt, daß durch jeden Punkt von t, der von P verschieden ist, genau eine von t verschiedene Tangente geht, q. e. d.

Ist $\mathfrak{E}$ eine projektive Ebene und u eine Gerade von $\mathfrak{E}$, so bezeichnen wir mit $\mathfrak{E}_u$ diejenige Inzidenzstruktur, die aus $\mathfrak{E}$ entsteht, wenn man aus $\mathfrak{E}$ die Gerade u und alle mit u inzidierenden Punkte entfernt. In $\mathfrak{E}_u$ gibt es dann Geraden, die keinen gemeinsamen Punkt haben. Wir nennen nun zwei Geraden g und h von $\mathfrak{E}_u$ parallel, in Zeichen g $\parallel$ h, wenn entweder g = h oder g $\cap$ h = $\emptyset$ ist. In $\mathfrak{E}_u$ gilt dann

(6.10) <u>Durch zwei verschiedene Punkte geht genau eine Gerade.</u>
(6.11) <u>Ist P ein Punkt und g eine Gerade, so gibt es genau eine Gerade h mit P I h $\parallel$ g.</u>
(6.12) <u>Es gibt drei nicht-kollineare Punkte.</u>

Eine Inzidenzstruktur, die (6.10), (6.11) und (6.12) erfüllt, wobei die Parallelität als Nichtschneiden erklärt wird, nennt man eine affine Ebene. Es gilt nun

(6.13) <u>Zu jeder affinen Ebene $\mathfrak{A}$ gibt es eine und bis auf Isomorphie nur eine projektive Ebene $\mathfrak{E}$, so daß $\mathfrak{A}$ für eine passende Gerade u von $\mathfrak{E}$ zu $\mathfrak{E}_u$ isomorph ist.</u>

Ferner gilt

(6.14) <u>Sind $\mathfrak{E}$ und $\mathfrak{E}^*$ projektive Ebenen und u und u* Geraden von $\mathfrak{E}$ bzw. $\mathfrak{E}^*$, so läßt sich jeder Isomorphismus von $\mathfrak{E}_u$ auf $\mathfrak{E}^*_{u^*}$ in genau einer Weise zu einem Isomorphismus von $\mathfrak{E}$ auf $\mathfrak{E}^*$ fortsetzen.</u>

Die (recht einfachen) Beweise von (6.10) bis (6.14) finden sich in G. Pickert, Projektive Ebenen. S. 9-11.

Die Parallelitätsrelation ist eine Äquivalenzrelation. Die Klassen dieser Relation nennen wir Parallelenbüschel. Aus (6.7) folgt nun

(6.15) Ist $\mathcal{A}$ eine endliche affine Ebene, so gibt es eine natürliche Zahl $n \geq 2$, so daß gilt:
a) Auf jeder Geraden von $\mathcal{A}$ liegen n Punkte.
b) Durch jeden Punkt von $\mathcal{A}$ gehen $n + 1$ Geraden.
c) Jedes Parallelenbüschel enthält n Geraden.
d) $\mathcal{A}$ besitzt n^2 Punkte.
e) $\mathcal{A}$ besitzt $n^2 + n$ Geraden.

7. Perspektivitäten von projektiven Ebenen.

Eine Kollineation einer projektiven Ebene ist stets auch Kollineation der dualen Ebene. Durch Dualisieren erhält man also aus Sätzen über Kollineationen von projektiven Ebenen wieder solche Sätze.

Die Verbindungsgerade zweier verschiedener Fixpunkte einer Kollineation ist Fixgerade dieser Kollineation und dual dazu gilt, daß der Schnittpunkt zweier verschiedener Fixgeraden ein Fixpunkt ist. Wir beweisen nun

(7.1) Eine Kollineation, die zwei verschiedene Geraden punktweise festläßt, ist die Identität.

Beweis. g und h seien zwei verschiedene Geraden der projektiven Ebene $\mathcal{E}$ und σ sei eine Kollineation von $\mathcal{E}$, die alle Punkte auf g und h festläßt. Ist P $\not\!I$ g,h, so gibt es durch P mindestens drei verschiedene Geraden. Es gibt also sicher zwei verschiedene Geraden u und v mit P I u,v und $g \cap h \not\!I$ u,v. Folglich ist $g \cap u \neq h \cap u$ und daher $u^\sigma = ((g \cap u)(h \cap u))^\sigma = (g \cap u)^\sigma (h \cap u)^\sigma =$ $= (g \cap u)(h \cap u) = u$. Ebenso zeigt man, daß $v^\sigma = v$ ist. Also ist $P^\sigma = (u \cap v)^\sigma = u^\sigma \cap v^\sigma = u \cap v = P$. Folglich bleiben alle Punkte von $\mathcal{E}$ unter σ fest. Da auf jeder Geraden von $\mathcal{E}$ mehr als ein Punkt liegt, bleiben auch alle Geraden unter σ fest. Somit ist $\sigma = 1$, q. e. d.

Dualisierung von (7.1) liefert

(7.2) Eine Kollineation, die zwei verschiedene Punkte geradenweise festläßt, ist die Identität.

Eine Kollineation σ heißt axial, falls es eine Gerade g gibt, die von σ punktweise festgelassen wird. g heißt die Achse von σ. Ist $\sigma \neq 1$, so ist die Achse von σ nach (7.1) eindeutig bestimmt.

(7.3) <u>Ist σ axial mit der Achse g, so sind g, h und h^σ stets konfluent.</u>

Beweis. Es ist $g \cap h = (g \cap h)^\sigma = g^\sigma \cap h^\sigma = g \cap h^\sigma$. Da $g \cap h \neq \emptyset$ ist, ist (7.3) bewiesen.

Eine Kollineation σ heißt zentral, falls es einen Punkt P gibt, der unter σ geradenweise festbleibt. P heißt Zentrum von σ. Ist $\sigma \neq 1$, so hat σ nach (7.2) genau ein Zentrum. Es gilt nun

(7.4) <u>Satz</u> (Baer). <u>Eine Kollineation σ ist dann und nur dann axial, wenn sie zentral ist.</u>

Beweis. Aus Dualitätsgründen genügt es zu zeigen, daß aus axial zentral folgt. Ist $\sigma = 1$, so ist σ sowohl axial als auch zentral. Sei also $\sigma \neq 1$. Ferner sei g die Achse von σ. Ist $P^\sigma = P$ und $P \not\!I\, g$, so ist $(PX)^\sigma = PX$ für alle X I g, dh. P ist Zentrum von σ. Wir können also annehmen, daß $X \neq X^\sigma$ ist für alle $X \not\!I\, g$. Dann ist $(XX^\sigma \cap g)X = XX^\sigma = (XX^\sigma \cap g)X^\sigma$. Folglich ist $(XX^\sigma)^\sigma = XX^\sigma$. Ist nun $Y \not\!I\, g, XX^\sigma$, so ist $P = YY^\sigma \cap XX^\sigma$ ein Fixpunkt von σ. Folglich ist P I g. Wegen $XX^\sigma \neq g$ ist daher $P = g \cap XX^\sigma$. Folglich gehen alle Geraden ZZ^σ mit $Z \not\!I\, g$ durch P. Somit ist P Zentrum von σ, q. e. d.

Axiale bzw. zentrale Kollineationen nennt man auch Perspektivitäten, bzw. (P,g)-Perspektivitäten, wenn P das Zentrum und g die

Achse der betrachteten Perspektivität ist. Ist P I g, so sagt man auch Elation, ist P $\not{I}$ g, so sagt man auch Homologie. Ist $\mathfrak{E}_u$ eine affine Ebene, so heißen die (P,u)-Elationen Translationen und die (P,u)-Homologien Streckungen. Die (P,g)-Elationen mit P I u und g $\neq$ u nennen wir Scherungen.

Wie der Beweis von (7.4) zeigt, gilt auch

(7.5) <u>Jeder vom Zentrum einer nicht-trivialen Perspektivität verschiedene Fixpunkt liegt auf der Achse und jede von der Achse verschiedene Fixgerade geht durch das Zentrum.</u>

Die Menge aller Perspektivitäten mit einer festen Geraden g als Achse bilden eine Gruppe, die wir mit $\Gamma(\mathcal{R},g)$ bezeichnen. Ebenso bilden alle Perspektivitäten mit dem festem Zentrum P eine Gruppe, die wir mit $\Gamma(P,\mathcal{G})$ bezeichnen. Schließlich bilden alle Perspektivitäten mit dem Zentrum P und der Achse g eine Gruppe, die Gruppe $\Gamma(P,g)$.

(7.6) <u>Sind $\gamma, \delta \in \Gamma(\mathcal{R},g)$ und ist</u> $1 \neq \gamma, \delta, \gamma\delta$, <u>so sind die Zentren von γ, δ und $\gamma\delta$ kollinear.</u>

Beweis. Ist $\xi \in \Gamma(\mathcal{R},g)$, so sei $C(\xi)$ das Zentrum von ξ. Ist $C = C(\gamma) = C(\delta)$, so ist natürlich auch $C = C(\gamma\delta)$. Sei also $C(\gamma) \neq C(\delta)$. Dann ist $(C(\gamma)C(\delta))^{\gamma\delta} = C(\gamma)C(\delta)$. Ist nun $C(\gamma)C(\delta) \neq g$, so ist nach (7.5) $C(\gamma\delta)$ I $C(\gamma)C(\delta)$. Sei also $C(\gamma)C(\delta) = g$. Sei ferner $C = C(\gamma\delta) \not{I} g$. Aus $C^{\gamma\delta} = C$ folgt, daß $C^\gamma = C^{\delta^{-1}}$ ist. Nun sind $C(\gamma)$, C und C^γ ebenso wie $C(\delta)$, C und $C^{\delta^{-1}}$ kollinear sind. Wegen $\gamma \neq 1$ und $C \not{I} g$ ist $C \neq C^\gamma$. Ebenso ist $C \neq C^{\delta^{-1}}$. Also ist $C(\gamma) = g \cap CC^\gamma = g \cap CC^{\delta^{-1}} = C(\delta)$, q. e. a.

Eine einfache Folgerung aus (7.6) ist

(7.7) $\Gamma(h,g) = \{\gamma \in \Gamma(\mathcal{R},g) | C(\gamma) \: I \: h\}$ und
$\Gamma(P,Q) = \{\gamma \in \Gamma(P,\mathcal{g}) | Q \: I \: a(\gamma)\}$ sind Gruppen.

Dabei ist $a(\gamma)$ die Achse von γ. Im folgenden setzen wir $\Gamma(g,g) = \mathsf{T}(g)$.

(7.8) Ist $P \: I \: g$, so ist $\Gamma(P,g)$ normal in $\Gamma(\mathcal{R},g)$.

Beweis. Ist κ eine Kollineation, so ist offensichtlich
$\Gamma(X,y)^\kappa = \Gamma(X^\kappa, y^\kappa)$. Folglich gilt für $\gamma \in \Gamma(\mathcal{R},g)$ die Gleichung
$\Gamma(P,g)^\gamma = \Gamma(P^\gamma, g^\gamma) = \Gamma(P,g)$, q. e. d.

Hieraus folgt nun recht einfach

(7.9) Satz. Sind $P,Q \: I \: g$ und ist $P \neq Q$, ist ferner $\Gamma(P,g) \neq 1$ und $\Gamma(Q,g) \neq 1$, so ist $\mathsf{T}(g)$ abelsch. Alle Elemente $\neq 1$ aus $\mathsf{T}(g)$ haben entweder unendliche Ordnung oder die Ordnung p, wobei p eine Primzahl ist.

Beweis. Sind $X,Y \: I \: g$ und ist $X \neq Y$, so ist nach (7.2)
$\Gamma(X,g) \cap \Gamma(Y,g) = 1$. Somit bilden die $\Gamma(X,g)$ mit $X \: I \: g$ eine nicht-triviale Partition von $\Gamma(g)$. Nach (7.8) sind alle Komponenten dieser Partition normal in $\mathsf{T}(g)$. Somit folgt (7.9) aus dem folgenden Satz von Kantorowitsch.

(7.10) Satz. Ist G eine Gruppe und ist π eine nicht-triviale Partition von G, deren Komponenten in G normal sind, so ist G abelsch. Gibt es in G ein Element endlicher Ordnung $\neq 1$, so ist G eine elementarabelsche p-Gruppe.

Beweis. Es seien g und h Elemente von G. Ferner seien U,V ε π mit U ≠ V und g ε U und h ε V. Dann ist $g^{-1}h^{-1}gh$ ε U ∩ V = 1. Somit ist gh = hg. Sei nun U ε π und g,h ε U. Da π nicht-trivial ist, gibt es eine von U verschiedene Komponente V von π. Es sei 1 ≠ k ε V. Es ist sicher kg ∉ U, da sonst k ε U ∩ V = 1 wäre. Also ist kg mit h vertauschbar. Ferner ist k auch mit h vertauschbar. Also ist kgh = hkg = khg und daher gh = hg. Somit ist G abelsch.

Es sei g ein von 1 verschiedenes Element endlicher Ordnung von G. Dann gibt es auch ein Element von Primzahlordnung in G. Sei also o(g) = p eine Primzahl. Sei h ε G und V ε π mit h ε V. Sei ferner g ∉ V. Dann ist auch gh ∉ V. Sei W ε π und gh ε W. Dann ist V ∩ W = 1. Da G abelsch ist, folgt, daß $(gh)^p = h^p$ ε V ∩ W = 1 ist. Liegen g und h in der gleichen Komponente von π, so liefert eine zweimalige Anwendung dieses Schlusses, daß auch in diesem Falle h^p = 1 ist, q. e. d.

(7.11) <u>Ist σ eine involutorische Kollineation der endlichen projektiven Ebene $\mathcal{E}$, ist ferner n die Ordnung von $\mathcal{E}$, so bildet entweder die Menge der Fixpunkte und Fixgeraden von σ eine Unterebene der Ordnung m mit m^2 = n von $\mathcal{E}$, oder aber σ ist eine Perspektivität von $\mathcal{E}$. Ist im letzten Falle n ungerade, so ist σ eine Homologie, andernfalls eine Elation.</u>

Beweis. Wir zeigen zuerst, daß durch jeden Punkt von $\mathcal{E}$ eine Fixgerade geht. Ist P ≠ $P^σ$, so ist $(PP^σ)^σ = PP^σ$, und daher ist $PP^σ$ eine Fixgerade durch P. Sei also P = $P^σ$. Ist Q ein von P verschiedener Fixpunkt, so ist PQ eine Fixgerade durch P. Gibt es keinen von P verschiedenen Fixpunkt, so schneiden sich zwei verschiedene

Fixgeraden in P. Ist nun X ein von P verschiedener Punkt, so
gibt es sicher einen von P verschiedenen Punkt Y, der nicht auf
XX^σ liegt. XX^σ und YY^σ sind dann zwei verschiedene Fixgeraden,
die sich nach dem eben Bemerkten in P schneiden. Somit gibt es
in jedem Falle durch P eine Fixgerade. Dual hierzu gilt, daß
auch auf jeder Geraden von $\mathcal{E}$ ein Fixpunkt liegt.

Nun erfüllt die Teilstruktur $\mathcal{F}$ von $\mathcal{E}$, die aus den Fixelementen
von σ besteht, die Bedingungen (6.1) und (6.2). Gibt es nun in
$\mathcal{F}$ vier Punkte, von denen keine drei kollinear sind, so ist $\mathcal{F}$
eine Unterebene von $\mathcal{E}$. Da nun, wie wir gesehen haben, auf jeder
Geraden von $\mathcal{E}$ ein Punkt von $\mathcal{F}$ liegt, folgt nach (6.8)b), daß
das Quadrat der Ordnung von $\mathcal{F}$ gleich der Ordnung von $\mathcal{E}$ ist.

Sei also $\mathcal{F}$ keine Unterebene von $\mathcal{E}$. Dann gibt es unter vier verschiedenen Punkten von $\mathcal{F}$ stets drei, die kollinear sind. Aus (6.4)
folgt ferner, daß es unter vier verschiedenen Geraden von $\mathcal{F}$ stets
drei konfluente gibt. Folglich gibt es ein Punkt-Geradenpaar
(P,g) in $\mathcal{F}$, so daß alle von g verschiedenen Geraden von $\mathcal{F}$ durch
P gehen und alle von P verschiedenen Fixpunkte auf g liegen. Es
sei nun h eine Gerade durch P und X I h und P ≠ X I g. Durch X
geht dann eine Gerade h' von $\mathcal{F}$ und da h' ≠ g ist, ist P I h'.
Daher ist h = h', dh. alle Geraden durch P gehören zu $\mathcal{F}$. Ebenso
zeigt man, daß alle Punkte von g zu $\mathcal{F}$ gehören. Somit ist σ eine
(P,g)-Perspektivität. Die restlichen Behauptungen von (7.11)
folgen sofort aus (7.2).

8. Möbiusebenen.

Es sei $\mathfrak{M} = \{\mathfrak{P}, \mathfrak{K}, I\}$ eine Inzidenzstruktur. Die Elemente aus $\mathfrak{K}$ nennen wir Kreise. $\mathfrak{M}$ heißt Möbiusebene, falls $\mathfrak{M}$ den folgenden Bedingungen genügt:

(8.1) <u>Durch drei verschiedene Punkte geht genau ein Kreis.</u>
(8.2) <u>Ist k ein Kreis, P ein Punkt auf k und Q ein Punkt, der nicht auf k liegt, so gibt es genau einen Kreis k' durch P und Q, der mit k nur den Punkt P gemeinsam hat.</u>
(8.3) <u>Jeder Kreis enthält wenigstens einen Punkt und es gibt vier nicht konzyklische Punkte.</u>

Wir sagen: Ein Kreis k meidet, berührt bzw. schneidet einen Kreis k', je nachdem $|k \cap k'| = 0, 1$ oder 2 ist.

Wir betrachten wieder die abgeleiteten Strukturen $\mathfrak{M}(P)$, die wir in Abschnitt 5 definiert haben. Für diese Strukturen gilt

(8.4) <u>Ist $\mathfrak{M}$ eine Möbiusebene, so ist $\mathfrak{M}(P)$ für alle Punkte P von $\mathfrak{M}$ eine affine Ebene.</u>

Beweis. Sind Q und R zwei verschiedene Punkte von $\mathfrak{M}(P)$, so geht durch P, Q und R nach (8.1) genau ein Kreis. Es gilt also (6.10). Ist k ein Kreis durch P und ist Q ein Punkt von $\mathfrak{M}(P)$ mit $Q \not\!\,I\, k$, so gibt es nach (8.2) genau einen Kreis k', der k in P berührt. Somit gilt auch (6.11). Schließlich folgt (6.12) aus (8.3), q. e. d.

Unter einem Berührbüschel $\mathfrak{L}$ in P verstehen wir eine Menge von

Kreisen mit den Eigenschaften: Sind k,k' ε 𝒮 und ist k ≠ k', so ist k ∩ k' = {P}. Ist k ε 𝒮 und k ∩ k' = {P}, so ist k' ε 𝒮.

(8.5) **Ist 𝔐 eine endliche Möbiusebene, so gibt es eine natürliche Zahl n ≥ 2 mit:**
a) **Die Anzahl der Punkte von 𝔐 ist gleich** $n^2 + 1$.
b) **Die Anzahl der Kreise von 𝔐 ist gleich** $n(n^2 + 1)$.
c) **Die Anzahl der Punkte auf einem Kreis ist gleich** $n + 1$.
d) **Die Anzahl der Kreise durch einen Punkt ist** $n(n + 1)$.
e) **Die Anzahl der Kreise durch zwei verschiedene Punkte ist** $n + 1$.
f) **Ein Berührbüschel enthält genau n Kreise.**
g) **Jeder Kreis wird von** $n^2 - 1$ **Kreisen berührt.**
h) **Jeder Kreis wird von** $\frac{1}{2}n^2(n + 1)$ **Kreisen geschnitten.**
i) **Jeder Kreis wird von** $\frac{1}{2}n(n - 1)(n - 2)$ **Kreisen gemieden.**
Die Zahl n heißt die Ordnung von 𝔐.

Beweis. Ist P ein Punkt von 𝔐, so ist 𝔐(P) nach (8.4) eine affine Ebene. Ist n die Ordnung von 𝔐(P), so ist n ≥ 2. Ferner ist die Punkteanzahl von 𝔐(P) nach (6.15) gleich n^2. Somit gilt a). Nun ist n offensichtlich die Ordnung aller abgeleiteten affinen Ebenen 𝔐(X). Somit folgen c), d), e) und f) sofort aus (6.15). Nach c) und d) ist 𝔐 eine taktische Konfiguration mit den Parametern $n^2 + 1$, b, $n + 1$ und $n(n + 1)$. Nach (5.1) ist daher $n(n^2 + 1)(n + 1) = b(n + 1)$. Somit gilt auch b). Ein Kreis k liegt in $n + 1$ Berührbüscheln und der Durchschnitt zweier verschiedener solcher Berührbüschel besteht nur aus k. Somit ist g) eine Folge von f). Sind P und Q zwei verschiedene Punkte des Kreises k, so gehen nach e) durch P und Q genau n von k verschiedene Kreise. Da es insgesamt $\frac{1}{2}n(n + 1)$ ungeordnete Punktepaare auf k gibt, folgt unter Benutzung von (8.1), daß auch h) gilt. Da ein Kreis von einem anderen Kreis entweder berührt, geschnitten oder gemieden wird, ist i) eine Folge von b), g) und h), q. e. d.

Ist σ ein Automorphismus einer Möbiusebene, so nennen wir σ eine Kreisverwandtschaft. Eine Kreisverwandtschaft $\neq 1$, die einen Kreis k punktweise festläßt, nennen wir eine Spiegelung (oder Inversion) an k.

(8.6) <u>Ist σ eine Spiegelung an dem Kreis k, so ist σ eine Involution.</u>

Beweis. Ist P I k, so induziert σ in $\mathfrak{M}(P)$ eine Perspektivität mit eigentlicher Achse und uneigentlichem Zentrum, dh. es gibt ein Berührbüschel $\mathcal{L}(P,\sigma)$ in P, welches von σ kreisweise festgelassen wird. Da P ein beliebiger Punkt auf k war, gilt dies für jeden Punkt von k. Sei also Q ein von P verschiedener Punkt auf k und $l \in \mathcal{L}(Q,\sigma)$ mit P $\not I$ l. Sei ferner R I l, R $\not I$ k und $m \in \mathcal{L}(P,\sigma)$ mit R I m. Nun ist R^σ I l^σ = l und ebenso R^σ I m^σ = m. Da P $\not I$ l ist, ist l $\neq$ m. Somit ist $|l \cap m|$ = 2, da ja wegen $\sigma \neq 1$ sicher $R^\sigma \neq R$ ist. Ferner ist R^{σ^2} I l,m und $R^{\sigma^2} \neq R^\sigma$. Daher ist R^{σ^2} = R und nach (7.5) folglich σ^2 = 1, q.e.d.

(8.7) <u>Ist k ein Kreis, so gibt es höchstens eine Spiegelung an k.</u>

Beweis. σ und τ seien zwei Spiegelungen an k. Ist P I k, so ist $\mathcal{L}(P,\sigma) = \mathcal{L}(P,\tau)$: Denn entweder ist $\sigma = \tau$ oder aber $\sigma\tau$ ist nach (8.6) eine Involution. Dann ist aber, da σ und τ ebenfalls involutorisch sind, $\sigma\tau = \tau\sigma$. Ist nun σ eine Homologie in $\mathfrak{M}(P)$, so muß auch τ eine Homologie sein und zwar mit dem gleichen Zentrum wie σ, da σ und τ die gleiche Achse haben. Somit ist $\mathcal{L}(P,\sigma) = \mathcal{L}(P,\tau)$. Ist σ eine Scherung, so muß auch τ eine Scherung sein. Dann ist aber k $\in \mathcal{L}(P,\sigma) \cap \mathcal{L}(P,\tau)$. Hieraus folgt wiederum, daß $\mathcal{L}(P,\sigma) = \mathcal{L}(P,\tau)$ ist. Sei nun Q I k und P $\neq$ Q. Sei ferner l ε $\mathcal{L}(Q,\sigma) = \mathcal{L}(Q,\tau)$ und P $\not{I}$ l. Sei schließlich R I l, R $\not{I}$ k und m ε $\mathcal{L}(P,\sigma) = \mathcal{L}(P,\tau)$ mit R I m. Dann ist wieder $|m \cap l| = 2$ und R, R^σ, R^τ I m,l. Also ist $R^\sigma = R^\tau$. Aus (7.5) folgt daher, daß $\sigma = \tau$ ist, q. e. d.

(8.8) Ist σ eine involutorische Kreisverwandtschaft einer endlichen Möbiusebene $\mathfrak{M}$ der Ordnung n und ist $\mathfrak{F}$ die Menge der Fixpunkte von σ, so gibt es für $\mathfrak{F}$ nur die folgenden Möglichkeiten:
(1) $\mathfrak{F} = \emptyset$.
(2) $|\mathfrak{F}| = 1$.
(3) $|\mathfrak{F}| = 2$.
(4) Es gibt einen Kreis k mit $\mathfrak{F} = \{P | P \ I \ k\}$.
Im Falle (2) ist $n \equiv 0 \mod 2$ und in den Fällen (1) und (3) ist $n \equiv 1 \mod 2$.

Beweis. Sei $\mathfrak{F} \neq \emptyset$ und P ε $\mathfrak{F}$. Die Kreisverwandtschaft σ induziert dann in $\mathfrak{M}(P)$ eine involutorische Kollineation. Ist σ eine Perspektivität, so ist $\mathfrak{F}$ offensichtlich von einem der Typen (2), (3) oder (4). Sei also σ keine Perspektivität. Nach (7.11) läßt dann σ in dem projektiven Abschluß von $\mathfrak{M}(P)$ eine Unterebene $\mathfrak{U}^*$ der Ordnung m mit $m^2 = n$ fest. Da die uneigentliche Gerade von $\mathfrak{M}(P)$ unter σ festbleibt, folgt, daß die Teilstruktur $\mathfrak{U}$ von $\mathfrak{U}^*$, die in $\mathfrak{M}(P)$ liegt, eine affine Unterebene von $\mathfrak{M}(P)$ ist. Sei nun S $\notin$ $\mathfrak{F}$. Durch S geht dann genau eine Gerade von $\mathfrak{U}$, dh. es gibt genau einen Kreis k mit S,P I k und $|\mathfrak{F} \cap k| = m + 1$. Da $m \geq 2$ ist, ist $k^\sigma = k$ und folglich S^σ I k. Da P ε $\mathfrak{F}$ beliebig war, folgt, daß es durch jeden Punkt X ε $\mathfrak{F}$ genau einen Kreis gibt, der S und S^σ enthält und $\mathfrak{F}$ in genau m + 1 Punkten trifft. Zwei verschiedene solche Kreise haben nur die Schnittpunkte S und S^σ. Somit ist m + 1 ein Teiler von $|\mathfrak{F}|$. Andrerseits ist

$|\mathfrak{F}|-1$ die Anzahl der Punkte von $\mathfrak{U}$. Somit ist $|\mathfrak{F}| = m^2 + 1$, q. e. a.

Wir geben nun ein Konstruktionsprinzip für eine Klasse von Möbiusebenen, den sogenannten ovoidalen Möbiusebenen, an. Es sei $\mathcal{O}$ ein Ovoid in einem 3-dimensionalen projektiven Raum $\mathcal{R}$. Wir definieren dann folgendermaßen eine Inzidenzstruktur $\mathfrak{M}(\mathcal{O})$:

1° Die Punkte von $\mathfrak{M}(\mathcal{O})$ sind die Punkte von $\mathcal{O}$.
2° Die Kreise von $\mathfrak{M}(\mathcal{O})$ sind die Ebenen von $\mathcal{R}$, die $\mathcal{O}$ in mindestens zwei Punkten schneiden.
3° Ist P ein Punkt und k ein Kreis von $\mathfrak{M}(\mathcal{O})$, so ist P I k genau dann, wenn P und k in $\mathcal{R}$ inzidieren.

Es gilt nun

(8.9) $\mathfrak{M}(\mathcal{O})$ <u>ist eine Möbiusebene.</u>

Beweis. Durch drei verschiedene Punkte von $\mathcal{O}$ geht genau eine Ebene von $\mathcal{R}$, da keine drei Punkte von $\mathcal{O}$ kollinear sind. Somit erfüllt $\mathfrak{M}(\mathcal{O})$ die Bedingung (8.1). Es sei P ein Punkt und k ein Kreis von $\mathfrak{M}(\mathcal{O})$ mit P I k. Ferner sei $Q \in \mathcal{O}$ und $Q \not I k$. Es sei T die Tangentialebene an $\mathcal{O}$ in P. Die Gerade $t = T \cap k$ ist dann eine Tangente an $\mathcal{O}$ in P, die in k liegt. (t ist sicher eine Gerade, da T wegen $|k \cap \mathcal{O}| \geq 2$ von k verschieden ist.) l sei die durch Q und t bestimmte Ebene. Da P und Q auf l liegen, ist l ein Kreis von $\mathfrak{M}(\mathcal{O})$. Ferner ist $l \cap k \cap \mathcal{O} = \{P\}$. Somit berührt l den Kreis k in P. Sei nun l' ein weiterer Kreis von $\mathfrak{M}(\mathcal{O})$, der k in P berührt. Dann ist $l' \cap k$ eine Tangente an $\mathcal{O}$. Ferner liegt P auf dieser Tangente. Folglich ist $l' \cap k \leq T$ und daher $l' \cap k = t$. Hieraus folgt, daß l' = l ist: es gilt auch (8.2). Schließlich liegen nicht alle Punkte von $\mathcal{O}$ in einer Ebene. Somit gilt auch (8.3), q. e. d.

Wir nennen eine Möbiusebene $\mathfrak{M}$ ovoidal, falls $\mathfrak{M}$ zu einer Möbiusebene $\mathfrak{M}(\mathcal{O})$ isomorph ist. Es gilt nun offensichtlich

(8.10) <u>Ist $\mathfrak{M}$ ovoidal, so ist $\mathfrak{M}(P)$ stets desarguessch.</u>

Ferner gilt

(8.11) <u>Ist $\mathcal{O}$ ein Ovoid in $PG(3,q)$, so ist $|\mathcal{O}| = q^2 + 1$. Ist E eine Ebene von $PG(3,q)$, so ist E entweder eine Tangentialebene an $\mathcal{O}$ oder aber E schneidet $\mathcal{O}$ in den $q + 1$ Punkten eines Ovals.</u>

Beweis. Die erste Aussage folgt so: Ist P ein Punkt von $\mathcal{O}$, so trifft jede Gerade durch P die Menge $\mathcal{O}$ entweder in einem oder in zwei Punkten. Nun gibt es durch P genau $q + 1$ Tangenten und insgesamt $q^2 + q + 1$ Geraden. Folglich ist $|\mathcal{O}| = q^2 + 1$. Hieraus folgt, daß es genau $q^2 + 1$ Tangentialebenen an $\mathcal{O}$ gibt. Nach (8.9) und (8.5)b) wird $\mathcal{O}$ von $q(q^2 + 1)$ Ebenen in den $q + 1$ Punkten eines Ovals getroffen. Nun ist $(q + 1)(q^2 + 1)$ die Anzahl der Ebenen von $PG(3,q)$. Somit gilt (8.11).

(8.12) <u>Ist $\mathcal{O}$ ein Ovoid in $PG(3,q)$ mit $q = 2^r$, so gehen durch jeden Punkt von $PG(3,q)$ genau $q + 1$ Tangenten an $\mathcal{O}$ und alle diese Tangenten liegen in einer Ebene.</u>

Beweis. Ist $P \in \mathcal{O}$, so ist (8.12) richtig. Sei also $P \notin \mathcal{O}$. Nach (8.11) schneidet jede Ebene E durch P das Ovoid $\mathcal{O}$ entweder in einem Punkt Q, dann ist PQ eine Tangente an $\mathcal{O}$, die in E liegt und durch P geht, oder aber E schneidet σ in einem Oval. Dann gibt es aber nach (6.9), da q gerade ist, eine Tangente an σ, die in E liegt und durch P geht. Da nicht alle Ebenen durch P ein und dieselbe Gerade enthalten können, gehen mindestens zwei verschiedene Tangenten an σ durch P. Somit gibt es eine Ebene durch P, die σ in einem Oval trifft, so daß zwei Tangenten dieses Ovals sich in P schneiden. Da q gerade ist, ist daher P nach (6.9) der Knoten dieses Ovals. Ist also P irgendein Punkt von PG(3,q), so gehen durch P sicherlich q + 1 Tangenten an σ, die alle in einer Ebene liegen. Es sei nun t(P) die Anzahl der Tangenten durch P. Zählt man nun die inzidenten Paare (P,t), wobei P ein Punkt von PG(3,q) und t eine Tangente an σ ist, so ist diese Zahl einmal gleich $\sum t(P)$, wobei über alle Punkte von PG(3,q) zu summieren ist. Andrerseits gibt es genau $(q + 1)(q^2 + 1)$ Tangenten an σ und auf jeder von diesen Tangenten liegen q + 1 Punkte. Somit ist $\sum t(P) = (q + 1)^2(q^2 + 1)$. Da die Anzahl der Punkte von PG(3,q) gleich $(q + 1)(q^2 + 1)$ ist, und da ferner $t(P) \geq q + 1$ ist, folgt, daß $t(P) = q + 1$ sein muß, q. e. d.

(8.13) <u>Es sei $q = 2^r$ und σ ein Ovoid in PG(3,q). Ist $\mathcal{R}$ die folgendermaßen definierte Inzidenzstruktur,</u>

(i) <u>Die Punkte von $\mathcal{R}$ sind die Symbole $\langle P \rangle$ und $\langle k \rangle$, wobei P die Menge der Punkte und k die Menge der Kreise von $\mathfrak{M}(\sigma)$ durchläuft.</u>

(ii) <u>Die Blöcke von $\mathcal{R}$ sind die Symbole [P] und [k], wobei ebenfalls P die Menge der Punkte und k die Menge der Kreise von $\mathfrak{M}(\sigma)$ durchläuft.</u>

(iii) <u>Die Inzidenz wird folgendermaßen erklärt:</u>

$\langle P \rangle$ I [Q] <u>genau dann, wenn P = Q ist.</u>

$\langle P \rangle$ I [k] <u>genau dann, wenn P I k ist.</u>

⟨k⟩ I [Q] <u>genau dann, wenn Q I k ist.</u>

⟨k⟩ I [l] <u>genau dann, wenn entweder k = l oder wenn |k ∩ l| = 1.</u>

<u>so ist</u> $\mathcal{R}$ <u>isomorph dem System der Punkte und Ebenen von</u> PG(3,q).

Beweis. Es sei X ein Punkt von PG(3,q). Wir definieren die Abbildung σ folgendermaßen: Ist X ∈ $\mathcal{O}$, so setzen wir X^σ = ⟨X⟩. Ist X ∉ $\mathcal{O}$, so sei X^σ = ⟨x⟩, wobei x die nach (8.12) eindeutig bestimmte Ebene von PG(3,q) ist, die alle Tangenten an $\mathcal{O}$ durch X enthält. Offensichtlich ist σ umkehrbar eindeutig. Ist k eine Ebene von PG(3,q), so definieren wir die Abbildung τ durch k^τ = [k], falls k keine Tangentialebene an $\mathcal{O}$ ist, bzw. k^τ = [Q], falls k eine Tangentialebene und $\mathcal{O}$ ∩ k = {Q} ist. τ ist ebenfalls umkehrbar eindeutig. Ferner sieht man leicht, daß (σ, τ) ein Isomorphismus des Systems der Punkte und Ebenen von PG(3,q) auf $\mathcal{R}$ ist.

(8.14) <u>Sind</u> $\mathcal{R}$ <u>und</u> $\mathcal{R}$' <u>zwei endliche 3-dimensionale projektive Räume gerader Charakteristik, ist</u> $\mathcal{O}$ <u>ein Ovoid in</u> $\mathcal{R}$ <u>und</u> $\mathcal{O}$' <u>ein Ovoid in</u> $\mathcal{R}$', <u>so läßt sich jeder Isomorphismus von</u> $\mathfrak{M}(\mathcal{O})$ <u>auf</u> $\mathfrak{M}(\mathcal{O}')$ <u>auf eine und nur eine Weise zu einem Isomorphismus von</u> $\mathcal{R}$ <u>auf</u> $\mathcal{R}$' <u>fortsetzen.</u>

Dies folgt sofort aus (8.13), wenn man noch beachtet, daß die Geraden sich als Durchschnitte von Ebenen darstellen lassen.

(8.15) <u>Es sei</u> q = 2^r <u>und</u> $\mathcal{O}$ <u>ein Ovoid in</u> PG(3,q). <u>Ordnet man jeder Ebene von</u> PG(3,q) <u>denjenigen Punkt zu, durch den alle in dieser liegenden Tangenten an</u> $\mathcal{O}$ <u>laufen, und ordnet man jedem Punkt von</u> PG(3,q) <u>diejenige Ebene zu, in der alle Tangenten an</u> $\mathcal{O}$ <u>durch diesen Punkt liegen, so ist diese Zuordnung eine Nullpolarität von</u> PG(3,q).

Diese Zuordnung läuft darauf hinaus, daß man in (8.13) die
$\langle \rangle$-Klammern mit den [ ]-Klammern vertauscht. Hieraus sieht
man sofort, daß die in (8.15) geschilderte Zuordnung von $PG(3,q)$
eine Polarität ist. Da ferner jeder Punkt in seiner Bildebene
liegt, ist diese Zuordnung sogar eine Nullpolarität.

Ist ν die zu σ gehörige Nullpolarität, so folgt offensichtlich,
daß ν mit jeder Kollineation vertauschbar ist, die σ invariant
läßt. Aus der Definition der Suzukigruppen und (1.8) folgt
daher

(8.16) $S(q)$ <u>ist isomorph einer Untergruppe der</u> $PSp(4,q)$.

Dabei ist $PSp(4,q)$ die projektive symplektische Gruppe in vier
Variabeln über $GF(q)$.

9. Die zu den Suzukigruppen gehörigen Möbiusebenen.

In diesem Abschnitt beweisen wir den folgenden

(9.1) **Satz** (Hughes, Lüneburg). *Ist* $q = 2^{2r+1} \geq 8$, *so gibt es eine und bis auf Isomorphie nur eine Möbiusebene der Ordnung* q, *die eine zur Suzukigruppe* $S(q)$ *isomorphe Gruppe von Kreisverwandtschaften besitzt.*

Beweis. Ist $\mathcal{O}$ das in Abschnitt 1 definierte Ovoid in $PG(3,q)$, so ist nach (8.9) $\mathfrak{M}(\mathcal{O})$ eine Möbiusebene der Ordnung q. Ferner folgt aus der Definition von $\mathfrak{M}(\mathcal{O})$ sofort, daß $S(q)$ zu einer Gruppe von Kreisverwandtschaften von $\mathfrak{M}(\mathcal{O})$ isomorph ist. Es bleibt also nur die Eindeutigkeitsaussage von (9.1) zu beweisen.

Es sei $\mathfrak{M}$ eine Möbiusebene der Ordnung q und Σ sei eine Gruppe von Kreisverwandtschaften von $\mathfrak{M}$, die zur $S(q)$ isomorph sein möge. Ferner sei Π eine 2-Sylowgruppe von Σ. Ist nun $\sigma \in \Pi$ eine Involution und hat σ zwei verschiedene Fixpunkte, so ist σ nach (8.8) eine Kreisspiegelung, da ja die Ordnung von $\mathfrak{M}$ gerade ist. $k(\sigma)$ sei der Spiegelungskreis von σ. Da σ im Zentrum von Π liegt, ist $k(\sigma)$ ein Fixkreis von Π. Ferner ist $|k(\sigma)| = q + 1$. Somit hat Π einen Fixpunkt auf $k(\sigma)$. Es sei P dieser Fixpunkt. Ferner sei τ eine von σ verschiedene Involution aus Π. Da alle Involutionen aus Σ konjugiert sind, ist dann auch τ eine Kreisspiegelung. $k(\tau)$ sei der Spiegelunskreis von τ. Dann ist $P \, I \, k(\tau)$. Ferner ist nach (8.7) $k(\sigma) \neq k(\tau)$. Ferner ist $k(\sigma) \cap k(\tau) = \{P\}$, da sonst τ wegen $|k(\sigma)| - 2 \equiv 1 \mod 2$ auf $k(\sigma)$ drei verschiedene Fixpunkte hätte (es ist ja $k(\sigma)^\tau = k(\sigma)$). Nun gibt es in Π genau $q - 1$ Invo-

lutionen. Es gibt also genau q - 1 sich paarweise in P berührende
Kreise, die Spiegelungskreise von Involutionen aus Π sind. Da
ein Berührbüschel nach (8.5)f) genau q Kreise enthält, gibt es
also einen Kreis k durch P, der unter Π invariant bleibt und
der nicht Spiegelungskreis einer Involution aus Π ist. Nun ist
$|k - \{P\}| = q$ und $o(\Pi) = q^2$. Es gibt also ein von 1 verschiedenes Element π in Π und ein Q I k mit P $\neq$ Q und Q^π = Q. Folglich gibt es auch eine Involution $\pi' \in \Pi$ mit $Q^{\pi'}$ = Q. Dann läßt
aber π' auf k mindestens drei Punkte fest und hieraus folgt wiederum, daß k der Spiegelungskreis von π' ist: ein Widerspruch.
Also haben alle Involutionen aus Σ genau einen Fixpunkt. Da
nun wegen $q^2 + 1 \equiv 1$ mod 2 jede 2-Sylowgruppe einen Fixpunkt
hat und da die Ordnung einer 2-Sylowgruppe gleich q^2 ist, gilt

(9.2) <u>Ist Π eine 2-Sylowgruppe von Σ, so hat Π einen Fixpunkt P. Ferner gilt, daß Π auf den von P verschiedenen Punkten von $\mathfrak{M}$ scharf transitiv ist.</u>

Die Involutionen aus Π induzieren Translationen in $\mathfrak{M}(P)$. Sei
nun Π_1 eine von Π verschiedene 2-Sylowgruppe von Σ. Ferner
sei P auch ein Fixpunkt von Π_1. Dann induzieren auch die Involutionen aus Π_1 Translationen in $\mathfrak{M}(P)$. Nun enthält $\Pi \cup \Pi_1$
genau 2(q - 1) Involutionen. Hieraus folgt, daß es in $\Pi \cup \Pi_1$
Translationen mit verschiedenen uneigentlichen Zentren gibt.
Nach (7.9) sind daher alle Involutionen aus Π mit allen Invo-
lutionen aus Π_1 vertauschbar. Daher ist $\langle \mathfrak{Z}\Pi, \mathfrak{Z}\Pi_1 \rangle$ eine
elementarabelsche 2-Gruppe. Nach (4.13) ist jedoch
$\langle \mathfrak{Z}\Pi, \mathfrak{Z}\Pi_1 \rangle = \Sigma$: ein Widerspruch. Hieraus und aus (9.2)
folgt nun

(9.3) <u>Σ ist auf den Punkten von $\mathfrak{M}$ zweifach transitiv und jedes</u>

von 1 verschiedene Element aus Σ hat höchstens zwei Fixpunkte.

Es sei wieder P ein Punkt von $\mathfrak{M}$. Ferner sei $H = \Sigma_P$. Dann ist $H = \mathfrak{N}_\Sigma \Pi$, wobei Π eine geeignete 2-Sylowgruppe von Σ ist. Die Anzahl der Berührbüschel in P ist q + 1. Es gibt daher ein Berührbüschel $\mathcal{L}$ in P mit $\mathcal{L}^\Pi = \mathcal{L}$. Ist $k \in \mathcal{L}$, so ist $o(\Pi_k) = q$, da ja Π nach (9.2) auf den Punkten von $\mathfrak{M}(P)$ regulär operiert. Somit ist $o(H_k) = qt$, wobei t ein Teiler von q − 1 ist. Ist nun $\Sigma_k \neq H_k$, so ist Σ_k auf k transitiv. Dann ist aber q + 1 ein Teiler von $o(\Sigma_k)$ und damit ein Teiler von $o(\Sigma) = (q^2 + 1)q^2(q - 1)$: ein Widerspruch. Somit ist $\Sigma_k = H_k$. Sei nun $\mathcal{R} = \{k^\sigma \mid \sigma \in \Sigma\}$. Dann ist
$(q^2 + 1)q^2(q - 1) = o(\Sigma) = |\mathcal{R}| o(\Sigma_k) = |\mathcal{R}| qt$. Da $t \leq q - 1$ ist, ist $|\mathcal{R}| \geq q(q^2 + 1)$. Somit gilt

(9.4) Σ ist auf den Kreisen von $\mathfrak{M}$ transitiv.

Ferner folgt, daß t = q − 1 ist. Somit ist Σ_k auf den von P verschiedenen Punkten von k scharf zweifach transitiv. Hieraus folgt, daß Π_k eine elementarabelsche 2-Gruppe ist. Somit ist $\Pi_k = \mathfrak{Z}\Pi$ (nach (4.1)b)). Setze $\Pi_k = Z$ und $H_k = \Lambda$. Ferner seien P = P_0, P_1, ..., P_q alle Punkte auf k und $H_i = \Sigma_{P_i}$. Schließlich sei $\mathfrak{H} = \{H_i \mid i = 0,1,...,q\}$ und
$\Delta = \{\sigma \in \Sigma \mid H^\sigma \in \mathfrak{H}\}$. Ist $i \neq 0$, so ist offensichtlich $\mathfrak{H} = \{H_0\} \cup \{H_i^\zeta \mid \zeta \in Z\}$. Wir definieren nun die Abbildungen

$\quad Q \to H\sigma$ genau dann, wenn $P^\sigma = Q$ ist.

$\quad l \to \Lambda\tau$ genau dann, wenn $k^\tau = l$ ist.

Aus (9.3) und (9.4) folgt, daß diese beiden Abbildungen umkehrbar eindeutige Abbildungen der Menge der Punkte auf die Menge der Rechtsrestklassen nach H bzw. Der Menge der Kreise auf die Men-

ge der Rechtsrestklassen nach $\wedge$ sind. Definiert man nun:
$\vdash\sigma$ I $\wedge\tau$ genau dann, wenn P^σ I k^τ ist, so gilt offensichtlich, daß $\vdash\sigma$ I $\wedge\tau$ genau dann gilt, wenn $\sigma\tau^{-1} \varepsilon \triangle$ ist. Es sei nun $\mathfrak{M}^*$ eine weitere Möbiusebene der Ordnung q und Σ^* eine zur $S(q)$ isomorphe Gruppe von Kreisverwandtschaften von $\mathfrak{M}^*$. Haben nun $\vdash^*, \wedge^*, \Pi^*, Z^*, \mathfrak{F}^*$ und $\triangle^*$ die entsprechenden Bedeutungen wie $\vdash, \wedge, \Pi, Z, \mathfrak{F}$ und $\triangle$, und ist $\vdash_1^* \varepsilon \mathfrak{F}^*$ und $\vdash_1^* \neq \vdash^*$, so gibt es einen Isomorphismus φ von Σ auf Σ^* mit $\vdash^\varphi = \vdash^*$ und $\vdash_1^\varphi = \vdash_1^*$. Nun ist Π die 2-Sylowgruppe von $\vdash$ und Π^* die 2-Sylowgruppe von $\vdash^*$. Daher ist $\Pi^\varphi = \Pi^*$ und daher auch $(\mathfrak{Z}\Pi)^\varphi = \mathfrak{Z}\Pi^*$. Ferner ist
$$\mathfrak{F}^\varphi = \{\vdash, \vdash_1^\mathfrak{Z} | \mathfrak{Z} \varepsilon Z\}^\varphi = \{\vdash^*, \vdash_1^{*\mathfrak{Z}^*} | \mathfrak{Z}^* \varepsilon Z^*\} = \mathfrak{F}^*$$
und daher auch $\triangle^\varphi = \triangle^*$. Hieraus folgt nun, daß $\mathfrak{M}$ und $\mathfrak{M}^*$ isomorph sind, q. e. d.

10. S(q) als Kollineationsgruppe des 3-dimensionalen projektiven Raumes über GF(q).

Wir beweisen zunächst den folgenden Hilfssatz.

(10.1) Ist $\mathfrak{E}$ die projektive Ebene über $GF(p^s)$, so besitzt $\mathfrak{E}$ keine zur $S(q)$ isomorphe Kollineationsgruppe.

Beweis. Angenommen Δ sei eine zur $S(q)$ isomorphe Kollineationsgruppe von $\mathfrak{E}$. Die Gruppe aller Kollineationen von $\mathfrak{E}$ sei Σ und die Gruppe der projektiven Kollineationen von $\mathfrak{E}$ sei Λ. Dann ist bekanntlich $\Sigma/\Lambda \cong \text{Aut } GF(p^s)$ und daher zyklisch. Da Δ einfach ist, ist daher $\Delta \leq \Lambda$. Hieraus folgt, daß alle Involutionen aus Δ Perspektivitäten sind (s. etwa R. Baer, Linear Algebra and Projective Geometry. S. 66-69). Sei nun Π eine 2-Sylowgruppe von Δ und σ eine Involution aus Π. Nach (4.1)b) liegt σ in $\mathfrak{Z}\Pi$. Ferner ist σ, wie wir gesehen haben, eine Zentralkollineation. C sei das Zentrum und g sei die Achse von σ. Da σ im Zentrum von Π liegt, bleiben C und g unter Π invariant.
1. Fall: p = 2. Ist τ eine von σ verschiedene Involution aus Π und hat τ eine von g verschiedene Achse h, so liegt wegen $g^\tau = g$ das Zentrum von τ nach (7.5) auf g. Nun ist τ eine Elation, da die Ordnung von $\mathfrak{E}$ gerade ist. Daher ist $g \cap h$ das Zentrum von τ. Ebenso sieht man, daß auch $C = g \cap h$ ist. Aus Dualitätsgründen gilt daher: Entweder haben alle Involutionen aus Π das gleiche Zentrum oder die gleiche Achse oder beides. Wir können ohne Beschränkung der Allgemeinheit annehmen, daß alle Involutionen aus Π die gleiche Achse haben. g sei diese Achse. Es sei nun Π_1 eine von Π verschiedene 2-Sylowgruppe von Δ. Dann haben auch alle Involutionen aus Π_1 die gleiche

Achse, etwa h. Ist g = h, so ist wegen (4.13) g eine Fixgerade
von $\triangle$. Ist g $\neq$ h, so ist g $\cap$ h ein Fixpunkt von $\triangle$. Somit hat
$\triangle$ ein Fixelement und wir können o. B. d. A. annehmen, daß $\triangle$
eine Fixgerade hat. g sei die Fixgerade von $\triangle$. Ferner sei T
die Gruppe aller Elationen mit der Achse g. Dann ist $K = T\triangle$
das semidirekte Produkt von T und $\triangle$. Somit ist $K_P \cong \triangle$, falls
P $\not\in$ g ist. Wir können daher annehmen, daß $\triangle$ ein nicht-inzidentes Punkt-Geradenpaar (P,g) festläßt. Es ist also $\triangle \leq \wedge_{P,g}$.
Nun ist $\wedge_{P,g} \cong GL(2,2^s)$. Dies liefert den gewünschten Widerspruch, da die 2-Sylowgruppen von $GL(2,2^s)$ elementarabelsch sind,
während die 2-Sylowgruppen von S(q) vom Exponenten 4 sind.
2. Fall: p > 2. In diesem Fall ist σ eine Streckung und daher
C $\not\in$ g. Ist nun τ eine von σ verschiedene Involution aus π, so
ist sicher τ keine (C,g)-Perspektivität, da $\Gamma(C,g) \cong GF(p^s)^*$
und daher zyklisch ist. Somit liegt das Zentrum D von τ auf g
und die Achse h von τ geht durch C. Ist schließlich ρ eine von
σ und τ verschiedene Involution aus π, so ist g $\cap$ h das Zentrum
und CD die Achse von ρ. Hieraus folgt, daß ρ die einzige von
σ und τ verschiedene Involution aus π ist. Somit ist
q = o($\mathfrak{z} \pi$) $\leq$ 4: ein Widerspruch.

Im folgenden benötigen wir (10.1) nur für die Fälle p^s = q und
$p^s = q^2$.

Im folgenden sei stets q = $2^{2r+1} \geq 8$ und $\mho$ sei der 3-dimensio-
nale projektive Raum über GF(q). Ferner sei $\triangle$ eine zur S(q)
isomorphe Kollineationsgruppe von $\mho$.

(10.2) $\triangle$ <u>hat keinen Fixpunkt.</u>

Beweis. Angenommen es sei P ein Fixpunkt von $\triangle$. Die Geraden und Ebenen durch P bilden mit der in $\mathcal{O}$ gültigen Inzidenzrelation eine desarguessche projektive Ebene $\mathcal{E}$ der Ordnung q. Da $\triangle$ einfach ist und da $\triangle$ nach (10,1) nicht als Kollineationsgruppe auf $\mathcal{E}$ operieren kann, folgt, daß $\triangle$ alle Geraden und Ebenen durch P einzeln invariant läßt, dh. $\triangle$ besteht nur aus Zentralkollineationen mit dem Zentrum P. Nun hat die Gruppe aller Zentralkollineationen mit dem Zentrum P die Ordnung $q^3(q - 1)$. Somit ist $(q^2 + 1)q^2(q - 1) = o(\triangle)$ ein Teiler von $q^3(q - 1)$, q. e. a.

(10.3) $\triangle$ ist in der projektiven Gruppe von $\mathcal{O}$ enthalten.

Dies folgt wieder aus der Tatsache, daß $\triangle$ einfach ist, während die Kollineationsgruppe von $\mathcal{O}$ modulo der projektiven Gruppe zyklisch ist.

(10.4) Ist Π eine 2-Sylowgruppe von $\triangle$, so hat Π genau einen Fixpunkt. Die Fixpunkte der 2-Sylowgruppen von $\triangle$ bilden ein ein Ovoid in $\mathcal{O}$.

Beweis. Da die Zentren zweier verschiedener 2-Sylowgruppen von $\triangle$ bereits ganz $\triangle$ erzeugen, kann das Zentrum einer 2-Sylowgruppe wegen (10.2) keine Ebene punktweise festlassen, denn zwei Ebenen von $\mathcal{O}$ haben stets einen Punkt gemeinsam. Sei nun Π eine 2-Sylowgruppe von $\triangle$ und P und Q seien zwei verschiedene Punkte von $\mathcal{O}$ mit $P^{\Pi} = P$ und $Q^{\Pi} = Q$. Wegen $|PQ| - 2 \equiv 1 \mod 2$ hat dann Π auf Q noch einen weiteren Fixpunkt. Nun liegt $\triangle$ nach (10.3) in der projektiven Gruppe von $\mathcal{O}$. Es folgt daher, da GF(q) kommutativ ist, daß Π die Gerade PQ punktweise festläßt (s. Baer, loc. cit.). Durch PQ gehen q + 1 Ebenen von $\mathcal{O}$. Es gibt daher eine Ebene E mit PQ < E und $E^{\Pi} = E$. Da PQ punktweise festbleibt, induziert Π in E eine Gruppe Π^* von Elationen

mit der Achse PQ. Nun ist E desarguessch und daher $(\Pi^*)^2 = 1$.
Da jede Involution aus Π in einer Untergruppe der Ordnung 4
liegt, folgt, daß $\mathfrak{Z}\Pi$ im Kern des Homomophismus' $\Pi \to \Pi^*$ liegt.
Somit läßt $\mathfrak{Z}\Pi$ die Ebene E Punktweise fest: ein Widerspruch.
Folglich hat Π höchstens einen Fixpunkt. Nun besitzt $\mathfrak{O}$ genau
$v = (q + 1)(q^2 + 1)$ Punkte. Insbesondere ist also v ungerade.
Hieraus folgt, daß Π mindestens einen und daher genau einen
Fixpunkt hat. $\mathcal{O}$ sei die Menge der Fixpunkte der 2-Sylowgruppen
von Δ. Da Δ keinen Fixpunkt hat, ist $|\mathcal{O}| = q^2 + 1$. Ferner
gilt, daß Δ auf $\mathcal{O}$ als (ZT)-Gruppe operiert. Wir betrachten nun
die folgende Inzidenzstruktur $\mathcal{L}$.

(a) Die Punkte von $\mathcal{L}$ sind die Punkte von $\mathcal{O}$.

(b) Die Blöcke von $\mathcal{L}$ sind die Geraden von $\mathfrak{O}$, die $\mathcal{O}$ in mehr
als einem Punkt schneiden.

(c) Inzidenz in $\mathcal{L}$ ist äquivalent mit Inzidenz in $\mathfrak{O}$.

Da Δ auf den Punkten von $\mathcal{O}$ zweifach transitiv ist und zwei
verschiedene Punkte genau einen Block bestimmen, folgt, daß alle
Blöcke von $\mathcal{L}$ gleichviele Punkte tragen. $\mathcal{L}$ ist also ein Blockplan. Die Anzahl der Punkte auf einem Block sei k. Angenommen
es sei $k > 2$. Es sei g ein Block von $\mathcal{L}$ und P, Q und R drei paarweise verschiedene Punkte in $g \cap \mathcal{O}$. Ist $\mathsf{H} = \Delta_{P,Q}$, so ist
$o(\mathsf{H}) = q - 1$. Da Δ als (ZT)-Gruppe auf $\mathcal{O}$ operiert, ist
$|R^\mathsf{H}| = q - 1$. Ferner ist $\{P,Q\} \cup R^\mathsf{H} \leq g \cap \mathcal{O}$. Wegen $|g| = q + 1$
ist also $g \leq \mathcal{O}$, dh. es ist $k = q + 1$. Sind nun v, b, k, r und
λ die Parameter von $\mathcal{L}$, so ist also $v = q^2 + 1$, $k = q + 1$
und $\lambda = 1$. Ferner ist $r(k - 1) = \lambda(v - 1)$. Somit ist $rq = q^2$
und daher $r = q < q + 1 = k$ im Widerspruch zu (5.5). Also ist
$k = 2$. Die dualen Schlüsse zeigen, daß jede 2-Sylowgruppe Π
von Δ genau eine Fixebene E hat. Nun ist die Punkteanzahl der
Ebene E gleich $q^2 + q + 1$. Somit liegt der Fixpunkt P von Π in
E. Wäre nun Π_1 eine von Π verschiedene 2-Sylowgruppe von Δ

und läge der Fixpunkt Q von π_1 in E, so wäre $\{P\} \cup Q^\pi \leq E$ und
daher $\sigma \leq E$. Hieraus folgt, daß $E^\Delta = E$ ist im Widerspruch zu
der zu (10.2) dualen Aussage. Somit ist E eine Tangentialebene
an σ. Da es offensichtlich an jeden Punkt von σ genau $q + 1$
Tangenten gibt, folgt, daß σ ein Ovoid ist, q. e. d.

(10.5) <u>Δ hat genau zwei Punktbahnen. Eine dieser Punktbahnen
ist ein Ovoid σ. Die Ebenen zerfallen unter Δ ebenfalls in
zwei Bahnen: die Tangentialebenen an σ und die übrigen Ebenen.</u>

Beweis. Nach (10.4) bilden die Fixpunkte der 2-Sylowgruppen eine
Bahn von Δ, die aus den Punkten eines Ovoids σ besteht. Folglich bilden die Tangentialebenen an σ eine Ebenenbahn von Δ.
Die übrigen Ebenen von γ sind nach (8.11) gerade die Kreise von
$\mathfrak{M}(\sigma)$. Aus (9.4) folgt daher, daß diese Ebenen eine Bahn von
Δ bilden. Somit besitzt Δ genau zwei Ebenenbahnen. Nach (5.7)
und (5.11) zerfällt daher auch die Menge der Punkte von γ unter
Δ in zwei Bahnen. Damit ist bereits alles bewiesen.

(10.6) <u>Die Tangenten an σ zerfallen unter Δ in zwei Bahnen $\mathfrak{H}$
und $\mathfrak{K}$ der Länge $q(q^2 + 1)$ bzw. $q^2 + 1$. Die Geraden von $\mathfrak{K}$ sind
paarweise windschief.</u>

Beweis. Es sei X ein Punkt von γ, der nicht auf σ liegt. Dann
ist nach (10.5) $|X^\Delta| = (q + 1)(q^2 + 1) - |\sigma| = q(q^2 + 1)$. Aus
Aus $(q^2 + 1)q^2(q - 1) = o(\Delta) = |X^\Delta| o(\Delta_X)$ folgt daher, daß
$o(\Delta_X) = q(q - 1)$ ist. Δ_X erfüllt als Untergruppe von Δ die
Voraussetzungen von (3.4) und es folgt, wie man sofort sieht,
daß Δ_X eine Frobeniusgruppe und daß die 2-Sylowgruppe K von
Δ_X der Frobeniuskern von Δ_X ist. Ist π die 2-Sylowgruppe von
Δ, die K enthält, so ist $K = \mathfrak{z}\pi$, da ja K wegen

$o(\Delta_X) = q(q - 1)$ elementarabelsch ist. Nun ist $\Delta_X \leq \mathcal{N}_\Delta \Pi$ und $\mathcal{N}_\Delta \Pi = \Delta_P$ für einen passenden Punkt $P \in \mathcal{O}$. Folglich ist $K = K_P$ und somit $K \leq \Delta_{PX}$. Da K eine 2-Gruppe ist, hat K auf PX daher mindestens drei Fixpunkte. Aus (10.3) folgt daher wieder, daß K die Gerade PX punktweise festläßt. Ferner läßt K die Tangentialebene T an $\mathcal{C}$ im Punkte P fest. Schließlich ist PX < T, da Π und damit K auf $\mathcal{C} - \{P\}$ regulär operiert. Ist $\kappa \in K$ und Q ein Punkt, der nicht auf PX liegt, mit $Q^\kappa = Q$, so folgt wiederum aus (10.3), daß κ die von Q und PX aufgespannte Ebene E punktweise festläßt. Ist $\kappa \neq 1$, so folgt, daß $E \cap \mathcal{C} = \{P\}$ ist, da ja κ auf $\mathcal{C} - \{P\}$ keinen Fixpunkt hat. Somit ist E = T. Also ist κ eine Elation mit der Achse T. Es sei Z das Zentrum von κ. Da alle Geraden durch Z unter κ festbleiben, kann Z nicht auf κ liegen. Nun gehen nach (8.12) durch Z genau q + 1 Tangenten an $\mathcal{C}$. Da $Z \neq P$ ist, können nicht alle Tangenten durch Z in T liegen. Hieraus folgt nun, daß κ auf $\mathcal{C}$ einen von P verschiedenen Fixpunkt hat: ein Widerspruch. Somit hat ein von 1 verschiedenes Elelement aus K keinen Fixpunkt außerhalb PX. Hieraus folgt, daß auch kein Element $\neq 1$ aus Π außerhalb PX einen Fixpunkt hat. Da $K = \mathfrak{Z}\Pi$ ist, folgt, daß PX eine Fixgerade von Π ist. Ferner bleibt auch T unter Π invariant. Aus $|T - PX| = q^2$ folgt daher, daß Π auf den Punkten von T - PX transitiv ist. Hieraus folgt wiederum, daß Π auf den von PX verschiedenen Tangenten durch P transitiv ist. Folglich zerfallen die Tangenten unter Δ in zwei Bahnen, da PX niemals auf eine andere Tangente durch P abgebildet werden kann. Die eine dieser Bahnen hat die Länge $q(q^2 + 1)$, während $|(PX)^\Delta| = q^2 + 1$ ist. Es sei $\mathcal{R} = (PX)^\Delta$. Da die Zentren zweier verschiedener 2-Sylowgruppen von Δ bereits Δ erzeugen, folgt aus (10.2), daß die Geraden aus $\mathcal{R}$ paarweise windschief sind, q.e.d.

$\mathcal{K}$ ist also eine Geradenkongruenz von $\mathcal{O}$. Dabei nennen wir eine Menge $\mathfrak{M}$ von Geraden von $\mathcal{O}$ eine Geradenkongruenz, wenn jeder Punkt von $\mathcal{O}$ auf genau einer Geraden aus $\mathfrak{M}$ liegt.

(10.7) <u>Die Passanten und die Sekanten von $\mathcal{O}$ bilden je für sich eine Bahn unter Δ</u>.

Daß die Sekanten eine Bahn bilden, folgt aus der zweifachen Transitivität von Δ auf $\mathcal{O}$. Die andere Behauptung folgt aus der Bemerkung, daß die in (8.15) definierte Nullpolarität an $\mathcal{O}$ die Sekanten mit den Passanten vertauscht.

$\mathcal{O}_0$ sei nun das in Abschnitt 1 definierte Oval. Aus (9.1) folgt, daß $\mathfrak{M}(\mathcal{O})$ und $\mathfrak{M}(\mathcal{O}_0)$ isomorph sind. Aus (8.14) folgt daher die Existenz einer Kollineation κ von $\mathcal{O}$ mit $\mathcal{O}^\kappa = \mathcal{O}_0$. Da $S(q)$ aus allen projektiven Kollineationen besteht, die $\mathcal{O}_0$ invariant lassen, folgt, daß $\Delta^\kappa = S(q)$ ist, dh. alle Kollineationsgruppen von $\mathcal{O}$, die zur $S(q)$ isomorph sind, sind in der vollen Kollineationsgruppe von $\mathcal{O}$ konjugiert.

Wir können im folgenden annehmen, daß $\mathcal{O}$ das in Abschnitt 1 definierte Ovoid ist. Σ sei die volle Kollineationsgruppe und Λ die projektive Gruppe von $\mathcal{O}$. Ferner sei $\Sigma_\mathcal{O}$ der Stabilisator von $\mathcal{O}$ in Σ und $\Lambda_\mathcal{O}$ der Stabilisator von $\mathcal{O}$ in Λ. Dann ist, wie wir wissen, $\Lambda_\mathcal{O} = \Delta$. Weiterhin ist $\Lambda_\mathcal{O}$ normal in $\Sigma_\mathcal{O}$, dh. $\Sigma_\mathcal{O} \leq \mathfrak{N}_\Sigma \Delta$. Nun permutiert $\mathfrak{N}_\Sigma \Delta$ die Punktbahnen von Δ. Da Δ nach (10.5) genau zwei Punktbahnen besitzt und da diese Bahnen verschiedene Länge haben, läßt $\mathfrak{N}_\Sigma \Delta$ beide Punktbahnen invariant. Somit ist $\Sigma_\mathcal{O} = \mathfrak{N}_\Sigma \Delta$. Ebenso beweist man, daß $\Delta = \mathfrak{N}_\Lambda \Delta$ ist. Nun ist $o(\Sigma) = |\mathcal{O}^\Sigma| o(\Sigma_\mathcal{O})$ und $o(\Lambda) = |\mathcal{O}^\Lambda| o(\Delta)$. Daher folgt aus $|\mathcal{O}^\Sigma| \geq |\mathcal{O}^\Lambda|$, daß

$[\Sigma:\Lambda] = |C^\Sigma||C^\Lambda|^{-1}[\Sigma_\sigma:\Delta] \geq [\Sigma_\sigma:\Delta]$ ist. Ist nun
$\alpha \in \text{Aut } GF(q)$, so folgt aus (1.2), daß die durch
$(x,y,z)^{\alpha*} = (x^\alpha, y^\alpha, z^\alpha)$ definierte Kollineation $\alpha*$ das Ovoid
invariant läßt. Somit ist $\Sigma_\sigma/\Delta \cong \text{Aut } GF(q)$ und daher
$[\Sigma:\Lambda] = [\Sigma_\sigma:\Delta]$. Folglich ist $C^\Sigma = C^\Lambda$. Hieraus folgt, daß
zwei zur $S(q)$ isomorphe Kollineationsgruppen von γ bereits innerhalb Λ konjugiert sind. Zusammenfassend erhalten wir den

(10.8) <u>Satz</u> (Lüneburg). <u>Ist γ der 3-dimensionale projektive Raum über $GF(q)$ mit $q = 2^{2r+1} \geq 8$, so liegen alle Untergruppen der Kollineationsgruppe von γ, die zur $S(q)$ isomorph sind, bereits in der projektiven Gruppe von γ und sind innerhalb dieser Gruppe konjugiert. Ist Δ eine zur $S(q)$ isomorphe Kollineationsgruppe von γ, so zerlegt Δ die Menge der Punkte von γ in zwei Bahnen. Eine dieser Bahnen ist ein Ovoid C. Die Menge der Ebenen von γ zerfällt unter Δ ebenfalls in zwei Bahnen: die Menge der Tangentialebenen an C und die Menge der übrigen Ebenen. Die Sekanten von C und die Passanten bilden je eine Geradenbahn von Δ. Die Menge der Tangenten von C zerfällt unter Δ in zwei Bahnen. Eine dieser Bahnen bildet eine Geradenkongruenz von γ.</u>

11. Translationsebenen.

Es sei G eine Gruppe und π eine nicht-triviale Partition von G mit der Eigenschaft, daß für alle Paare U,V ε π mit U $\neq$ V gilt, daß G = UV ist. Eine solche Partition nennen wir Kongruenzpartition oder auch kurz Kongruenz von G. Wir bilden nun folgendermaßen eine Inzidenzstruktur $\mathcal{F}(G,\pi)$:

a) Die Punkte von $\mathcal{F}(G,\pi)$ sind die Elemente von G.
b) Die Geraden von $\mathcal{F}(G,\pi)$ sind die Rechtsrestklassen Ux mit U ε π und x ε G.
c) Es ist x I Uy genau dann, wenn x ε Uy ist.

Als erstes zeigen wir, daß $\mathcal{F}(G,\pi)$ eine affine Ebene ist. x und y seien zwei verschiedene Punkte von $\mathcal{F}(G,\pi)$. Dann ist $xy^{-1} \neq 1$. Es gibt also genau ein U ε π mit xy^{-1} ε U. Dann ist aber x,y I Uy und Uy ist die einzige Gerade, die x und y enthält. Sei nun y $\not I$ Ux. Dann ist y I Uy und Uy $\cap$ Ux = $\emptyset$. Es gibt also zu Ux wenigstens eine Nichtschneidende durch y. Sei nun V ε π und Vy $\cap$ Ux = $\emptyset$. Sei ferner V $\neq$ U. Dann ist G = VU und daher yx^{-1} = vu mit v ε V und u ε U. Folglich ist Vy = Vux. Dann ist aber ux ε Vy $\cap$ Ux: ein Widerspruch. Es gibt also genau eine Nichtschneidende zu Ux durch y. Sind nun U und V zwei verschiedene Komponenten von π und ist 1 $\neq$ u ε U und 1 $\neq$ v ε V, so sind 1, u und v drei nichtkollineare Punkte. Somit ist $\mathcal{F}(G,\pi)$ gemäß (6.10), (6.11) und (6.12) eine affine Ebene.

Ist g ε G, so definieren wir g* durch x^{g*} = xg für alle x ε G. Wegen $(Ux)^{g*}$ = Uxg folgt, daß g* eine Kollineation von $\mathcal{F}(G,\pi)$ ist, die eine Gerade stets auf eine parallele Gerade abbildet.

Somit ist g* eine Perspektivität mit uneigentlicher Achse. Ist g $\neq$ 1, so hat g* keinen Fixpunkt. Folglich ist g* eine Translation von $\mathcal{F}(G,\pi)$. Ferner folgt aus $1^{g*} = g$, daß $G* = \{g*|g \in G\}$ auf den Punkten von $\mathcal{F}(G,\pi)$ transitiv ist. Offensichtlich ist $G \cong G*$. Ferner enthält G* Translationen verschiedener Richtung. Somit ist G* und damit G nach (7.9) abelsch.

Ferner definieren wir: Eine affine Ebene $\mathcal{F}$ heißt Translationsebene, wenn die Gruppe der Translationen auf den Punkten von $\mathcal{F}$ transitiv ist. Dann gilt

(11.1) <u>Satz</u> (André). <u>Es sei π eine Kongruenz der Gruppe G. Dann gilt:</u>
(a) $\mathcal{F}(G,\pi)$ <u>ist eine Translationsebene.</u>
(b) G <u>ist isomorph zur Translationsgruppe von</u> $\mathcal{F}(G,\pi)$.
(c) G <u>ist abelsch.</u>
(d) <u>Sind</u> U,V $\in \pi$, <u>so ist</u> $U \cong V$.

Die letzte Aussage folgt so : Da $\mathcal{F}(G,\pi)$ eine affine Ebene ist, gehen durch 1 wenigstens drei verschiedene Geraden, dh. π enthält wenigstens drei Komponenten. Es seien U, V $\in \pi$. Dann gibt es also ein W $\in \pi$ mit U,V $\neq$ W. Nun ist G abelsch. Daher ist $G = U \times W = V \times W$. Somit ist $V \cong G/W \cong U$.

Es sei nun $\mathcal{F}$ eine Translationsebene und T sei die Translationsgruppe von $\mathcal{F}$. Ferner sei u die uneigentliche Gerade von $\mathcal{F}$. Dann ist $\pi = \{\Gamma(P,u)|P \text{ I } u\}$ eine Partition von T. Wir zeigen nun

(11.2) <u>Satz</u> (André). π <u>ist eine Kongruenz von</u> T <u>und</u> $\mathcal{F}$ <u>ist isomorph zu</u> $\mathcal{F}(T,\pi)$.

Beweis. Es sei O ein Punkt von $\mathcal{F}$. Ferner sei $\tau(X)$ die durch $O^{\tau(X)} = X$ eindeutig bestimmte Translation aus T. Die Abbildung $X \to \tau(X)$ ist also eine umkehrbare Abbildung der Punkte von $\mathcal{F}$ auf die Elemente von T. Es sei g eine Gerade durch O und P der uneigentliche Punkt auf g. Dann gilt offensichtlich X I g genau dann, wenn $\tau(X) \, \varepsilon \, \Gamma(P,u)$ ist. Ist nun h irgendeine Gerade von $\mathcal{F}$, so gibt es eine Translation $\tau \, \varepsilon \, \mathsf{T}$ mit $O \, I \, h^{\tau^{-1}}$. Nun ist genau dann X I h, wenn $X^{\tau^{-1}} I \, h^{\tau^{-1}}$ ist, und dies ist, wie wir gesehen haben, genau dann der Fall, wenn $\tau(X)\tau^{-1} \, \varepsilon \, \Gamma(P,u)$ ist, wobei wiederum P der uneigentliche Punkt von h ist. Das ist nun genau dann der Fall, wenn $\tau(X) \, \varepsilon \, \Gamma(P,u)\tau$ ist. $\mathcal{F}$ und $\mathcal{F}(\mathsf{T},\pi)$ sind also isomorph. Hieraus folgt, daß zwei Geraden $\Gamma \sigma$ und $\Gamma^{*}\tau$ genau dann parallel sind, wenn $\Gamma = \Gamma^{*}$ ist. Es seien nun Γ und Γ^{*} Komponenten von π und $\Gamma \neq \Gamma^{*}$. Ferner sei $\tau \, \varepsilon \, \mathsf{T}$. Dann ist $\Gamma\tau \, \cancel{\parallel} \, \Gamma^{*}$ und daher $\Gamma\tau \cap \Gamma^{*} \neq \emptyset$. Somit gibt es ein $\gamma \, \varepsilon \, \Gamma$ und ein $\gamma^{*} \, \varepsilon \, \Gamma^{*}$ mit $\gamma^{-1}\tau = \gamma^{*}$. Dann ist aber $\tau = \gamma\gamma^{*} \, \varepsilon \, \Gamma \Gamma^{*}$ und daher $\mathsf{T} = \Gamma \Gamma^{*}$, q. e. d.

Die Sätze (11.1) und (11,2) besagen also, daß die Kongruenzen bereits alle Translationsebenen liefern. Wann sind nun zwei Translationsebenen $\mathcal{F}(G,\pi)$ und $\mathcal{F}(\hat{G},\hat{\pi})$ isomorph? Darüber gibt Auskunft der

(11.3) Satz. Ist π eine Kongruenz der Gruppe G und $\hat{\pi}$ eine Kongruenz der Gruppe $\hat{G}$, so sind $\mathcal{F}(G,\pi)$ und $\mathcal{F}(\hat{G},\hat{\pi})$ genau dann isomorph, wenn es einen Isomorphismus σ von G auf $\hat{G}$ gibt mit $\pi^{\sigma} = \hat{\pi}$.

Beweis. Ist σ ein Isomorphismus von G auf $\hat{G}$ mit $\pi^{\sigma} = \hat{\pi}$, so induziert σ offensichtlich einen Isomorphismus von $\mathcal{F}(G,\pi)$

auf $\mathcal{F}(\hat{G}, \hat{\pi})$. Sei also σ ein Isomorphismus von $\mathcal{F}(G, \pi)$ auf $\mathcal{F}(\hat{G}, \hat{\pi})$. Da $\hat{G}*$ auf den Punkten von $\mathcal{F}(\hat{G}, \hat{\pi})$ transitiv ist, können wir annehmen, daß $1^\sigma = \hat{1}$ ist. Dann ist offensichtlich $\pi^\sigma = \hat{\pi}$. Wir müssen also nur noch zeigen, daß σ ein Isomorphismus ist. Ist $g* \varepsilon G*$, so ist $\sigma^{-1} g* \sigma \varepsilon \hat{G}*$. Also ist $\hat{1}(g^\sigma)* = g^\sigma = 1^{g*\sigma} = \hat{1}^{\sigma^{-1}g*\sigma}$ und daher $(g^\sigma)* = \sigma^{-1} g* \sigma$. Also ist $(gh)^\sigma = (1^{g*h*})^\sigma = \hat{1}^{\sigma^{-1}g*\sigma\sigma^{-1}h*\sigma} = \hat{1}(g^\sigma)*(h^\sigma)* = g^\sigma h^\sigma$. Da σ eine umkehrbare Abbildung von G auf $\hat{G}$ ist, ist σ also ein Isomorphismus von G auf $\hat{G}$, q. e. d.

Es sei $\mathcal{F}(G, \pi)$ eine Translationsebene. Dann ist G, wie wir gesehen haben, eine abelsche Gruppe. Mit $K(G, \pi)$ bezeichnen wir die Menge derjenigen Endomorphismen η von G, für die $U^\eta \leq U$ ist für alle $U \varepsilon \pi$. Die Menge $K(G, \pi)$ heißt Kern von $\mathcal{F}(G, \pi)$. Sind $\eta, \zeta \varepsilon K(G, \pi)$ und ist $u \varepsilon U$ mit $U \varepsilon \pi$, so ist $u^{\eta+\zeta} = u^\eta u^\zeta \varepsilon U$ und $u^{\eta\zeta} \varepsilon U$. Somit ist, da $-1 \varepsilon K(G, \pi)$ ist, $K(G, \pi)$ sogar ein Unterring des Endomorphismenringes von G. Es sei nun $0 \neq \eta \varepsilon K(G, \pi)$. Dann gibt es ein $g \varepsilon G$ mit $g^\eta \neq 1$. Es sei $U \varepsilon \pi$ und $g \varepsilon U$. Ferner sei $h' \varepsilon G$ und $h' \notin U$. Es gibt dann eine eindeutig bestimmte Komponente V von π mit $h' \varepsilon Vg^\eta$. Schließlich sei $W \varepsilon \pi$ und $h' \varepsilon W$. Dann ist $W \neq V$ und daher $W \cap Vg = \{h\}$. Dann ist aber $\{h^\eta\} = W^\eta \cap V^\eta g^\eta \leq W \cap Vg^\eta = \{h'\}$. Also ist $h^\eta = h'$. Ist $1 \neq h' \varepsilon U$, so liefert eine zweimalige Anwendung dieser Konstruktion ein $h \varepsilon U$ mit $h^\eta = h'$. Wegen $1^\eta = 1$ ist daher η eine Abbildung von G auf sich.

Sei nun $1 \neq g \varepsilon G$ und $\eta \varepsilon K(G, \pi)$ mit $g^\eta = 1$. Sei ferner $U \varepsilon \pi$ und $g \varepsilon U$. Sei schließlich $1 \neq h \varepsilon V$ mit $V \varepsilon \pi$ und $V \neq U$. Es gibt dann eine eindeutig bestimmte Komponente W von π mit $h \varepsilon Wg$. Da $g \neq 1$ ist, ist $W \neq V$. Daher ist $h^\eta \varepsilon V^\eta \cap W^\eta g^\eta \leq V \cap W = 1$. Somit ist $h^\eta = 1$. Eine zweimalige Anwendung dieses Schlusses liefert, daß $G^\eta = 1$ ist. Ist also $0 \neq \eta \in K(G,\pi)$, so hat η ein inverses Element η^{-1}. Ist nun $u \in U$ und $U \in \pi$, so gibt es ein $v \in U$ mit $v^\eta = u$. Daher ist $v = v^{\eta \eta^{-1}} = u^{\eta^{-1}}$ und daher $\eta^{-1} \in K(G,\pi)$. Somit ist $K(G,\pi)$ ein Körper. Ist $0 \neq \eta \in K(G,\pi)$, so induziert η in $\mathcal{F}(G,\pi)$ eine Kollineation, die offensichtlich eine Streckung mit dem Zentrum 1 ist. Ferner ist klar, daß verschiedene Elemente aus der multiplikativen Gruppe von $K(G,\pi)$ verschiedene Streckungen induzieren. Sei nun δ eine Streckung mit dem Zentrum 1. Dann ist δ eine umkehrbare Abbildung von G auf sich mit $U^\delta = U$ für alle $U \in \pi$. Ferner induziert δ, wie wir beim Beweise von (11.3) gesehen haben, einen Automorphismus in G. Folglich ist $\delta \in K(G,\pi)$. Es gilt also

(11.4) <u>Satz</u> (André). <u>Der Kern K einer Translationsebene $\mathcal{F}$ ist ein Körper. Die multiplikative Gruppe von K ist isomorph der Streckungsgruppe von $\mathcal{F}$.</u>

Hieraus folgt sofort

(11.5) <u>Korollar</u> (André). <u>Die Streckungsgruppe einer endlichen Translationsebene ist zyklisch.</u>

Ist π eine Kongruenz der Gruppe G, so ist G also ein Rechtsvektorraum über $K(G,\pi)$. Die Komponenten von π sind Unterräume des $K(G,\pi)$-Vektorraumes G. Über (11.1) (d) hinaus gilt sogar, daß zwei Komponenten U und V von π sogar als $K(G,\pi)$-Vektorräume isomorph sind. Ist $[G:K(G,\pi)]$ endlich, so ist daher $[G:K(G,\pi)] = 2n$. Es gilt nun

(11.6) <u>Satz</u> (André). <u>Ist π eine Kongruenz von G, so ist $\mathcal{F}(G,\pi)$</u>

genau dann desarguessch, wenn $[G:K(G,\pi)] = 2$ ist.

Beweis. Wir nennen eine projektive Ebene (P,g)-transitiv, wenn es zu jedem Punktepaar X, Y mit $P \neq X, Y$ und $X, Y \not\subset g$ und $PX = PY$ ein $\sigma \in \Gamma(P,g)$ mit $X^\sigma = Y$ gibt. Aus (11.4) folgt dann, daß $[G:K(G,\pi)] = 2$ gleichbedeutend ist mit der (P,u)-Transitivität für alle affinen Punkte P von $\mathcal{F}(G,u)$ und der uneigentlichen Geraden u. Dies wiederum ist bekanntlich gleichbedeutend mit der Gültigkeit des desarguesschen Satzes in $\mathcal{F}(G,\pi)$, q. e. d.

Ist $\mathcal{F}(G,\pi)$ eine Translationsebene, so zerfällt die Kollineationsgruppe K von $\mathcal{F}(G,\pi)$ über G*. Um K zu studieren, genügt es also, Aussagen über K_1 zu gewinnen. Es gilt nun

(11.7) <u>Satz</u> (André). <u>Ist π eine Kongruenz von G und ist K_1 die Gruppe aller Kollineationen von $\mathcal{F}(G,\pi)$, die den Punkt 1 festlassen, so ist K_1 zu einer Gruppe von semilinearen Abbildungen des $K(G,\pi)$-Vektorraumes G isomorph.</u>

Beweis. Wie wir beim Beweis von (11.3) gesehen haben, induziert jedes $\kappa \in K_1$ einen Automorphismus in G und es ist klar, daß verschiedene Elemente aus K_1 verschiedene Automorphismen in G induzieren. Somit ist K_1 zu einer Gruppe von Automorphismen von G isomorph. Es ist also nur noch zu zeigen, daß κ semilinear ist. Ist nun $0 \neq k \in K(G,\pi)$, so gibt es nach (11.4) genau eine Streckung $\sigma(k)$ mit dem Zentrum 1 und $g^k = g^{\sigma(k)}$. Definiert man nun $0^\kappa = 0$ und k^κ durch $g^{k^\kappa} = g^{\kappa^{-1}\sigma(k)\kappa}$, so ist wegen $1^\kappa = 1$ das Element $\kappa^{-1}\sigma(k)\kappa$ eine Streckung mit dem Zentrum 1. Somit ist $k \to k^\kappa$ eine umkehrbare Abbildung von $K(G,\pi)$ auf sich. Man rechnet nun leicht nach, daß die Abbildung $k \to k^\kappa$ ein Automorphismus von $K(G,\pi)$ ist, bzg. dessen κ semilinear ist.

12. Die zu den Suzukigruppen gehörigen Translationsebenen.

In diesem Abschnitt benötigen wir die beiden folgenden gruppentheoretischen Resultate, die ich hier jedoch nicht beweisen werde.

(12.1) **Ist G eine Gruppe, $N \leq ZG$ und ist G/N zyklisch, so ist G abelsch.**

(s. etwa H. Zassenhaus, The Theory of Groups. 2nd. edition. New York 1958. S. 140-141.)

Ein einfacher Verlagerungsschluß liefert

(12.2) **Ist G eine endliche Gruppe und ist P eine abelsche Sylowgruppe von G, so ist $G' \cap ZG \cap P = 1$.**

Wir sind nun in der Lage, den folgenden Satz zu beweisen.

(12.3) **Satz** (Lüneburg). **Ist $q = 2^{2r+1} \geq 8$, so gibt es eine und bis auf Isomorphie nur eine Translationsebene $\mathcal{T}$ mit den folgenden Eigenschaften:**
(a) **Die Ordnung von $\mathcal{T}$ ist gleich q^2.**
(b) **Der Kern von $\mathcal{T}$ enthält einen zu $GF(q)$ isomorphen Teilkörper.**
(c) **$\mathcal{T}$ besitzt eine zur $S(q)$ isomorphe Kollineationsgruppe.**

Beweis. Wir beweisen zuerst die Existenz dieser Ebenen. Nach (10.8) gehört zur $S(q)$ eine Geradenkongruenz $\mathfrak{C}$ des 3-dimensionalen projektiven Raumes über $GF(q)$. Diese Geradenkongruenz $\mathfrak{C}$ liefert eine Kongruenz des zugrundeliegenden Vektorraumes. Nach

(11.1) gibt es also eine Translationsebene $\mathcal{T}$, die zu $\mathcal{R}$ gehört. Die Ordnung von $\mathcal{T}$ ist gleich q^2, da die Anzahl der Geraden durch einen Punkt von $\mathcal{T}$ gleich $|\mathcal{R}| = q^2 + 1$ ist. Ferner ist klar, daß $GF(q)$ im Kern der Ebene $\mathcal{T}$ liegt, da ja die Komponenten von $\mathcal{R}$ $GF(q)$-lineare Unterräume sind. Schließlich folgt aus (11.3) und der Konstruktion von $\mathcal{T}$, daß es eine Kollineationsgruppe Δ von $\mathcal{T}$ gibt, so daß die von Δ auf der uneigentlichen Geraden g_∞ von $\mathcal{T}$ induzierte Permutationsgruppe Δ^* zur $S(q)$ isomorph ist. Wir können o. B. d. A. annehmen, daß Δ einen affinen Punkt P festläßt. Dann besteht der Kern K des Homomorphismus' von Δ auf Δ^* aus (P, g_∞)-Streckungen. Nach (11.5) ist K zyklisch. Folglich ist Aut K abelsch und daher, da Δ^* einfach ist, ist $K = \mathfrak{Z}\Delta$. Da $\Delta^* = (\Delta^*)'$ ist, können wir annehmen, daß auch $\Delta = \Delta'$ ist. Es sei nun $p > 2$ und P eine p-Sylowgruppe von Δ. Da die Sylowgruppen ungerader Ordnung von Δ^* nach (4.10) zyklisch sind, folgt aus (12.1), daß P abelsch ist. Nach (12.2) ist daher $\mathfrak{Z}\Delta \cap P = 1$, da ja $\Delta = \Delta'$ ist. Hieraus folgt, daß $o(\mathfrak{Z}\Delta)$ eine Potenz von 2 ist. Nun ist $o(K)$ ein Teiler von $q^2 - 1$ und daher ungerade. Somit ist $K = 1$ und $\mathcal{T}$ hat daher auch die Eigenschaft (c).

Sei nun umgekehrt $\mathcal{T}$ eine Translationsebene mit den Eigenschaften (a), (b) und (c). Ferner sei Δ eine zur $S(q)$ isomorphe Kollineationsgruppe von $\mathcal{T}$. Wir können wieder o. B. d. A. annehmen, daß Δ einen Punkt P festläßt. Die Translationsgruppe T von $\mathcal{T}$ ist ein Vektorraum über ihrem Kern K und daher nach (b) auch ein Vektorraum über $F = GF(q)$. Ferner ist jedes $\delta \in \Delta$ nach (11.7) eine semilineare Abbildung des K-Vektorraumes T und damit auch eine semilineare Abbildung von T aufgefaßt als F-Vektorraum, da ja F unter allen Automorphismen von K invariant bleibt. Die Unterräume des F-Vektorraumes T bilden einen 3-dimensionalen projektiven Raum $\mathfrak{O}$ über F und da jedes $\delta \varepsilon \triangle$ eine semilineare Abbildung bzg. F ist, induziert δ eine Kollineation δ^* in $\mathfrak{O}$. Wäre nun $1 \neq \delta \varepsilon \triangle$ und $\delta^* = 1$, so wäre wegen der Einfachheit von $\triangle$ sogar $\triangle^* = 1$ und daher $o(\triangle)$ ein Teiler von $q - 1$: ein Widerspruch. Also ist $\triangle$ zu einer Kollineationsgruppe von $\mathfrak{O}$ isomorph. Aus (10.8) folgt daher zusammen mit (11.3) die Isomorphieaussage von (12.3).

Wir beweisen nun noch einige Eigenschaften der Ebenen, deren Existenz wir in (12.3) sichergestellt haben. Im folgenden sei $\mathfrak{F}$ stets eine Translationsebene der Ordnung q^2 und $\triangle$ eine zur $S(q)$ isomorphe Kollineationsgruppe von $\mathfrak{F}$. Ferner sei $\triangle^*$ die von $\triangle$ auf der uneigentlichen Geraden g_∞ von $\mathfrak{F}$ induzierte Permutationsgruppe. Schließlich sei $GF(q)$ im Kern von $\mathfrak{F}$ enthalten. Aus (10.1) folgt

(12.4) $\mathfrak{F}$ <u>ist nicht-desarguessch.</u>

Ferner gilt, wie wir beim Beweise von (12.3) gesehen haben,

(12.5) <u>Die Standuntergruppe eines Punktes von</u> $\mathfrak{F}$ <u>enthält eine zur</u> $S(q)$ <u>isomorphe Untergruppe.</u>

Die Ordnung der Gruppe aller Translationen und Streckungen von $\mathfrak{F}$ ist ein Teiler von $q^4(q^2 - 1)$. Daher kann $\triangle$ auf der uneigentlichen Geraden von $\mathfrak{F}$ nicht die Identität induzieren. Da $\triangle$ einfach ist, ist also $\triangle \cong \triangle^*$. Es sei $U I g_\infty$ und $U^\triangle = U$. Dann ist $\triangle \leq \mathfrak{N}\Gamma(U, g_\infty)$. Nun ist $\Gamma(U, g_\infty)$ ein Vektorraum vom Rang 2 über $GF(q)$ und $\triangle$ ist eine Gruppe von semilinearen Abbildungen dieses Vektorraumes. Somit induziert $\triangle$ nach (11.6) eine Kollineationsgruppe in einer desarguesschen affinen Ebene. Aus (10.1) folgt daher, daß $\Delta \leq \mathcal{L}\Gamma(U, g_\infty)$ ist. Hieraus folgt wiederum, daß $o(\Delta)$ ein Teiler von $q - 1$ ist. Dieser Widerspruch zeigt, daß Δ auf g_∞ keinen Fixpunkt hat. Folglich haben zwei verschiedene 2-Sylowgruppen von Δ^* keinen Fixpunkt gemeinsam. Andrerseits hat jede 2-Sylowgruppe von Δ^* einen Fixpunkt, da die Anzahl der Punkte auf g_∞ gleich $q^2 + 1$ ist. Hieraus folgt, daß Δ^* auf g_∞ als (ZT)-Gruppe operiert. Hieraus folgen nun eine Reihe weiterer Eigenschaften.

(12.6) $\mathcal{7}$ <u>ist fahnenhomogen.</u>

Dabei nennen wir eine Ebene fahnenhomogen, wenn sie eine Kollineationsgruppe besitzt, die auf den inzidenten Punkt-Geradenpaaren, den Fahnen, transitiv ist.

Die Aussage (12.6) folgt nun daraus, daß die Translationsgruppe von $\mathcal{7}$ auf den Punkten transitiv ist, während die Standuntergruppe eines Punktes P eine zur $S(q)$ isomorphe Untergruppe enthält, die nach unserer Bemerkung auf den uneigentlichen Punkten und damit auf den Geraden durch P zweifach transitiv ist.

Ferner folgt aus unseren Bemerkungen über Δ und Δ^* die Aussage

(12.7) Δ <u>enthält kein von 1 verschiedenes Element, welches eine echte Teilebene von</u> $\mathcal{7}$ <u>elementweise festläßt. Insbesondere sind alle Involutionen aus</u> Δ <u>Perspektivitäten.</u>

Da die Involutionen aus Δ Perspektivitäten sind und da Δ^* auf g_∞ als (ZT)-Gruppe operiert, sind die Involutionen aus Δ Scherungen von $\mathcal{7}$. Ist $\mathcal{7}^*$ der projektive Abschluß von $\mathcal{7}$, so folgt hieraus und aus (12.6) die Aussage

(12.8) <u>Jede Fahne von $\mathcal{7}*$ wird von einer nicht-trivialen
Elation invariant gelassen.</u>

Ferner gilt

(12.9) $\mathcal{7}*$ <u>ist nicht selbstdual.</u>

Angenommen $\mathcal{7}*$ wäre selbstdual. Ferner sei π eine Dualität von
$\mathcal{7}*$. Dann ist $\mathcal{7}*$ eine Scherungsebene bezüglich $U = g_\infty^\pi$. Da
g_∞ unter allen Kollineationen von $\mathcal{7}*$ wegen (12.4) invariant
bleiben muß (andernfalls wäre $\mathcal{7}*$ eine Moufangebene und wegen
der Endlichkeit daher desarguessch), ist $U \mathrel{I} g_\infty$. Es gibt
also eine zur $S(q)$ isomorphe Kollineationsgruppe H mit $U^H = U$,
was, wie wir gesehen haben, nicht möglich ist.

13. Die explizite Bestimmung der Kongruenz.

Es sei $\mathcal{R}$ der 3-dimensionale projektive Raum über GF(q) und Δ = S(q). Ferner sei $\mathcal{O}$ das in Abschnitt 1 angegebene Ovoid. Die von Δ gemäß (10.8) bestimmte Geradenkongruenz besteht gerade aus den Geraden von $\mathcal{R}$, die von den Involutionen aus Δ punktweise festgelassen werden. Ist σ eine Involution aus Δ und ist g die Gerade von $\mathcal{R}$, die unter σ punktweise festbleibt, so läßt σ jede Ebene fest, die g enthält. Umgekehrt enthält jede Ebene, die unter σ festbleibt, die Gerade g.

Es sei P der Punkt mit den affinen Koordinaten (0,0,0) (die Koordinaten in $\mathcal{R}$ und $\mathcal{R}_E$ seien wieder gemäß (1.1) verknüpft). $\tau(0,1)$ ist eine Involution aus Δ. Ferner hat $P^{\tau(0,1)}$ = Q die Koordinaten (0,1,1). Nun sind P, Q und der Punkt U mit den projektiven Koordinaten (0,1,0,0) Punkte von $\mathcal{O}$. Folglich bestimmen P, Q und U eine eindeutig bestimmte Ebene F. Wegen $U^{\tau(0,1)}$ = U und $Q^{\tau(0,1)}$ = P ist $F^{\tau(0,1)}$ = F. Somit ist g_∞ = F $\cap$ E eine Gerade der von Δ bestimmten Kongruenz. Nun hat P gemäß (1.1) die projektiven Koordinaten (1,0,0,0) und Q die projektiven Koordinaten (1,1,0,1). Somit ist F die Ebene mit der Gleichung x_2 = 0, dh. g_∞ wird durch die beiden Gleichungen $x_0 = x_2 = 0$ bestimmt.

Es sei wieder $(x_0,x_1,x_2,x_3)^\omega = (x_1,x_0,x_3,x_2)$. Dann ist ω eine Kollineation von $\mathcal{R}$ mit $\mathcal{O}^\omega = \mathcal{O}$. Ferner ist $g_{0,0} = g_\infty^\omega$ die Gerade, die durch die Gleichungen $x_1 = x_3 = 0$ dargestellt wird. Die affinen Punkte von $g_{0,0}$ sind daher die Punkte mit den Koordinaten (x,0,0).

Die Geradenkongruenz besteht nun genau aus den Geraden g_∞ und

$g_{a,b} = g_{0,0}^{\tau(a,b)}$. Die affinen Punkte von $g_{a,b}$ sind daher gerade die Punkte mit den Koordinaten

$$(x + a, b + a^\sigma x, ab + a^{\sigma+2} + b^\sigma + a^{\sigma+1}x + bx).$$

Deutet man nun die Geradenkongruenz als Kongruenz in dem $\mathcal{R}$ zugrunde liegenden Vektorraum $V(4,q) = K \oplus K \oplus K \oplus K$, wobei $K = GF(q)$ gesetzt ist, so gilt

(13.1) <u>Die Komponenten der zu $S(q)$ gehörenden Kongruenzpartition von $V(4,q)$ sind von der Form</u>
$g_\infty = \{(0,s,0,t) | s,t \in GF(q)\}$ <u>und</u>
$g_{a,b} = \{(s,(ab+a^{\sigma+2}+b^\sigma)s+(a^{\sigma+1}+b)t, as+t, bs+a^\sigma t) | s,t \in GF(q)\}$.

Wir wollen uns nun die Kenntnis der zu $S(q)$ gehörenden Partition π von $V(4,q)$ zunutze machen und einen Quasikörper von $\mathcal{F} = \mathcal{F}(V(4,q),\pi)$ bestimmen. (Für das Folgende vergleiche man G. Pickert, Projektive Ebenen. Berlin 1955. S. 34-39 und Satz 38 auf S. 101.)

Es sei $0 = (0,0,0,0)$, $E = (0,1,1,0)$, U der uneigentliche Punkt der Geraden $g_{0,0}$ und V der uneigentliche Punkt der Geraden g_∞. Die Punkte von g_∞ identifizieren wir mit Paaren (x,y) mit $x,y \in GF(q)$. Der auf O, E, U, V bezogene Ternärkörper von $\mathcal{F}$ ist dann ein Quasikörper Q. Die Elemente von Q sind die Paare (x,y), dh. die Punkte von g_∞. Ist τ eine Translation von $\mathcal{R}$ mit $0^\tau = (u,v)$, so ist $(x,y)^\tau = (x+u, y+v)$. Andrerseits ist $(x,y)^\tau = (x,y) + (u,v)$, wobei + diesmal die Addition in Q bezeichnet. Somit ist $(x,y) + (u,v) = (x+u, y+v)$. Es ist also nur noch die Multiplikation in Q zu bestimmen. Diese wird definiert durch
$$(x,y)(u,v) = ((EV \cap (x,y)U)O \cap ((u,v)U \cap OE)V)U \cap OV.$$

Wir berechnen nun die rechte Seite dieses Ausdrucks.

(a) $EV = g_\infty + (0,1,1,0) = \{(0,s+1,1,t) | s,t \in GF(q)\}$.

(b) $(x,y)U = g_{0,0} + (0,x,0,y) = \{(s,x,t,y) | s,t \in GF(q)\}$.

(c) $EV \cap (x,y)U = (0,x,1,y)$.

(d) $(EV \cap (x,y)U)O = (s,(y^{\sigma^{-1}}x+x^\sigma+y^{\sigma+1})s+xt, y^{\sigma^{-1}}s+t, (x+y^{\sigma^{-1}+1})s+yt) |$
$$s,t \in GF(q).$$

Dies ist die Gerade $g_{a,b}$ mit $a = y^{\sigma^{-1}}$ und $b = x + y^{\sigma^{-1}+1}$. Ferner ist klar, daß O und $(0,x,1,y)$ auf $g_{a,b}$ liegen.

Setzt man in (b) $x = u$ und $y = v$, so erhält man

(e) $(u,v)U = \{(s,u,t,v) | s,t \in GF(q)\}$.

(f) $OE = g_{0,1} = \{(s,s+t,t,s) | s,t \in GF(q)\}$.

(g) $(u,v)U \cap OE = (v,u,u+v,v)$

(h) $((u,v)U \cap OE)V = g_\infty + (v,u,u+v,v) =$
$$= \{(v,s+u,u+v,t+v) | s,t \in GF(q)\}.$$

(i) $(EV \cap (x,y)U)O \cap ((u,v)U \cap OE)V =$
$$= (v,(x^\sigma + y^{\sigma+1})v+x(u+v), u+v, xv+y(u+v)).$$

Verbindet man nun den unter (i) gefundenen Punkt mit U und schneidet diese Verbindungsgerade mit OV, so erhält man den Punkt $((x^\sigma + y^{\sigma+1})v + x(u + v), xv + y(u + v))$. Somit gilt

(13.2) <u>Die Multiplikation des Quasikörpers Q wird gegeben durch</u>
$(x,y)(u,v) = ((x^\sigma + y^{\sigma+1})v + x(u + v), xv + y(u + v))$.

Der Kern $K(Q)$ eines Quasikörpers Q ist die Menge aller $k \in Q$ mit $(ab)k = a(bk)$ und $(a + b)k = ak + bk$ für alle $a,b \in Q$. Der Kern $K(Q)$ ist stets ein Körper. In unserem speziellen Falle, wie man leicht nachrechnet,

(13.3) $K(Q) = \{(x,0) | x \in GF(q)\}$.

Ferner gilt

(13.4) <u>Es gilt</u> $(x + z)y = xy + zy$ <u>für alle</u> $x,y \in Q$ <u>genau dann,
wenn</u> $z \in K(Q)$ <u>ist.</u>

Ist $z \in K(Q)$, so gilt $(x + z)y = xy + zy$, wie man sich leicht
überzeugt. Es gelte also $(x + z)y = xy + zy$ für alle $x,y \in Q$.
Wir ersetzen x durch (x,y), z durch (u,v) und y durch (m,n).
Es genügt nun von der ersten Komponente von $(x + z)y$ bzw.
$xy + zy$ die Faktoren, die nach der Ersetzung bei u stehen, zu
vergleichen. Man erhält einmal $(x + u)^\sigma + (y + v)^{\sigma+1}$ und zum
andern $x^\sigma + u^\sigma + y^{\sigma+1} + v^{\sigma+1}$. Somit ist $(y + v)^{\sigma+1} = y^{\sigma+1} + v^{\sigma+1}$
für alle $y \in GF(q)$. Dies kann jedoch nur sein, wenn $v = 0$ ist.

Die Aussage (13.4) wollen wir nun geometrisch interpretieren.
Dazu sei zunächst Q irgendein Quasikörper und
$S = \{s \in Q | (x + s)y = xy + sy$ für alle $x,y \in Q\}$. Es sei
$\tau \in \Gamma(V,0V)$. Ferner identifizieren wir den Punkt mit den
Koordinaten x,y mit (x,y). Dann ist $(x,y)^\tau = (x,\varphi(x,y))$, da ja
V geradenweise festbleibt. Die Geraden durch U werden auf das
Parallelenbüschel mit der Steigung s abgebildet. Dann ist
$\varphi(x,y) = sx + b$. Ferner ist $(0,y) = (0,y)$, da die Gerade VO
unter τ punktweise festbleibt. Somit ist $\varphi(0,y) = y$. Folglich
ist $b = y$. Somit haben wir $\varphi(x,y) = sx + y$. Nun ist τ eine
Kollineation. Aus $y = mx + b$ folgt daher $\varphi(x,y) = m'x + b'$,
dh. $sx + y = m'x + b'$ und mit $y = mx + b$ also
$sx + mx + b = m'x + b'$. Mit $x = 0$ folgt $b = b'$ und mit $x = 1$
folgt dann $s + m = m'$. Daher ist $sx + mx = (s + m)x$ für alle
$m,x \in Q$. Somit ist $s \in S$. Ist umgekehrt $s \in S$, so rechnet man
leicht nach, daß die durch $(x,y)^{\tau(s)} = (x,sx + y)$ definierte
Abbildung $\tau(s)$ eine Kollineation aus $\Gamma(V,0V)$ ist. Ferner ist
$\tau(s + t) = \tau(s)\tau(t)$. Schließlich ist $\tau(s) = 1$ genau dann,
wenn $s = 0$ ist. Somit gilt

(13.5) <u>Die Abbildung s → τ(s) ist ein Isomorphismus von S auf</u> Γ(V,OV).

Berücksichtigt man nun, daß die Kollineationsgruppe von $\mathcal{F} = \mathcal{F}(V(4,q),\pi)$ auf der uneigentlichen Geraden transitiv ist, so folgt aus (13.4) und (13.5) die Aussage

(13.6) <u>Ist U ein uneigentlicher Punkt von $\mathcal{F}$ und ist g eine eigentliche Gerade durch U, so ist</u> o(Γ(U,g)) = q.

Diese Aussage liefert uns nun den Schlüssel zur Bestimmung der Kollineationsgruppe K von $\mathcal{F}$. Die Translationsgruppe T ist ein Normalteiler von K. Ferner ist K das semidirekte Produkt von T und K_P, wenn P ein eigentlicher Punkt von $\mathcal{F}$ ist. K_P enthält die Streckungsgruppe $\Gamma(P,g_\infty)$ als Normalteiler und diese Gruppe ist nach (13.3) und (11.4) zyklisch der Ordnung q - 1. Ferner enthält K_P eine zur S(q) isomorphe Untergruppe Δ. Ist Σ eine 2-Sylowgruppe von Δ, so hat Σ einen uneigentlichen Fixpunkt U. Ferner ist $\mathfrak{Z}\Sigma \leq \Gamma$(U,PU). Aus (13.6) und (4.1) b) folgt daher, daß $\mathfrak{Z}\Sigma = \Gamma$(U,PU) ist. Hieraus folgt wiederum, daß Δ in K_P normal ist. Nun ist K_P isomorph einer Gruppe von semilinearen Abbildungen von V(4,q). Hieraus folgt schließlich, daß $K_P/\Delta\Gamma(P,g_\infty) \cong$ Aut GF(q) ist. Somit gilt

(13.7) <u>Ist</u> K <u>die Kollineationsgruppe von</u> $\mathcal{F}(V(4,q),\pi)$, <u>so besitzt</u> K <u>die folgende Normalreihe</u>
$$1 \triangleleft T \triangleleft T\Gamma(P,g_\infty) \triangleleft T\Gamma(P,g_\infty)\Delta \triangleleft K,$$
<u>dabei ist</u> T <u>die Translationsgruppe von</u> $\mathcal{F}(V(4,q),\pi)$, $\Gamma(P,g_\infty)$ <u>eine Streckungsgruppe,</u> Δ <u>eine zur S(q) isomorphe Kollineationsgruppe von</u> $\mathcal{F}(V(4,q),\pi)$. <u>Ferner ist</u> $K/T\Gamma(P,g_\infty)\Delta \cong$ Aut GF(q).

14. $S(q)$ als Kollineationsgruppe einer Ebene der Ordnung q^2.

Es sei $q = 2^{2m+1} \geq 8$ und $\mathcal{E}$ sei eine projektive Ebene der Ordnung q^2. Ferner sei $\triangle$ eine zur $S(q)$ isomorphe Kollineationsgruppe von $\mathcal{E}$. Unser erstes Ziel ist zu zeigen, daß alle Involutionen aus $\triangle$ Perspektivitäten sind. Der Beweis dieser Tatsache wurde mir freundlicherweise von Herrn Dembowski für diese Ausarbeitung zur Verfügung gestellt.

(14.1) (Dembowski) <u>Besitzt $\triangle$ eine Punktbahn der Länge $q^2 + 1$, so besteht diese Bahn entweder aus den Punkten einer Geraden oder aus den Punkten eines Ovals von $\mathcal{E}$.</u>

Beweis. $\mathcal{R}$ sei eine Punktbahn der Länge $q^2 + 1$ von $\triangle$. Ist $P \in \mathcal{R}$, so ist also $o(\triangle_P) = q^2(q - 1)$. Folglich ist $\triangle_P$ gleich dem Normalisator einer geeigneten 2-Sylowgruppe von $\triangle$. Hieraus folgt, daß $\triangle$ auf $\mathcal{R}$ als (ZT)-Gruppe operiert. Wir betrachten nun die folgende Inzidenzstruktur $\mathcal{L}$: die Punkte von $\mathcal{L}$ sind die Punkte von $\mathcal{R}$. Die Blöcke von $\mathcal{L}$ sind die Geraden von $\mathcal{E}$, die mehr als einen Punkt von $\mathcal{R}$ tragen. Aus der 2-fachen Transitivität von $\triangle$ auf $\mathcal{R}$ folgt, daß $\mathcal{L}$ ein Blockplan ist. Die Parameter von $\mathcal{L}$ sind $v = q^2 + 1$, b, k, r und $\lambda = 1$. Nun gilt, wie wir wissen, $bk = vr$ und $r(k - 1) = \lambda(v - 1)$. Somit ist $r(k - 1) = q^2$. Folglich ist $r = 2^s$ mit $0 \leq s \leq 2(2m + 1)$. Ist $s = 0$, so ist $r = 1$, dh. alle Punkte von $\mathcal{R}$ liegen auf einer Geraden. Wir können also annehmen, daß $s \geq 1$ ist. Da $\triangle$ als (ZT)-Gruppe auf $\mathcal{R}$ operiert, ist $k = 2 + t(q - 1)$ mit $t \geq 0$. Wegen $r(k - 1) = q^2$ und $r = 2^s$ gilt also $1 + t(q - 1) = 2^{2(2m+1)-s}$. Hieraus folgt, daß $t(2^{2m+1} - 1) = 2^{2(2m+1)-s} - 1$ ist. Folglich ist $2^{2m+1} - 1$ ein Teiler von $2^{2(2m+1)-s} - 1$. Hieraus folgt bekanntlich, daß $2m + 1$

ein Teiler von $2(2m + 1) - s$ und damit von s ist. Wegen
$0 < s \leq 2(2m + 1)$ ist also entweder $s = 2m + 1$ oder $2 = 2(2m + 1)$.
Wäre $s = 2m + 1$, so wäre $r = q$ und $k = q + 1$ im Widerspruch zu
(5.5). Folglich ist $r = q^2$ und $k = 2$, dh. $\mathcal{R}$ besteht aus den
Punkten eines Ovals, q. e. d.

Aus der Untergruppenliste (4.12) der Suzukigruppen ersieht man,
daß die Ordnung einer echten Untergruppe von $S(q)$ stets kleiner
oder gleich $q^2(q - 1)$ ist. Hieraus folgt, daß eine Darstellung
der $S(q)$ als Permutationsgruppe stets einen Grad $\geq q^2 + 1$ hat.
Ferner besitzt $S(q)$, wie wir schon verschiedentlich benutzten,
bis auf Ähnlichkeit nur eine Darstellung als Permutationsgruppe
vom Grade $q^2 + 1$. Mit Hilfe dieser Bemerkungen beweist man nun
sehr rasch

(14.2) (Dembowski) $\triangle$ <u>hat genau dann ein Fixelement, wenn alle
Involutionen aus $\triangle$ Perspektivitäten sind.</u>

Beweis. $\triangle$ habe ein Fixelement. Wir können o. B. d. A. annehmen,
daß $\triangle$ eine Fixgerade g besitzt. Induziert $\triangle$ auf g die Identität, so besteht $\triangle$ nur aus Perspektivitäten mit der Achse g und
somit sind alle Involutionen aus $\triangle$ Zentralkollineationen. Wir
können also annehmen, daß die von $\triangle$ auf g induzierte Permutationsgruppe $\triangle^*$ nicht-trivial ist. Da $\triangle$ einfach ist, ist dann
$\triangle \cong \triangle^*$. Nach unseren Bemerkungen operiert daher $\triangle^*$ auf den
Punkten von g als (ZT)-Gruppe vom Grade $q^2 + 1$. Somit hat jede
Involution aus $\triangle$ auf g genau einen Fixpunkt. Hieraus folgt,
daß alle Involutionen aus $\triangle$ Perspektivitäten sind.

Seien nun umgekehrt alle Involutionen aus $\triangle$ Perspektivitäten.
Σ sei eine 2-Sylowgruppe von $\triangle$ und σ sei eine Involution aus

Σ. Nach (4.1) (b) ist dann $\sigma \in \mathfrak{Z}\Sigma$. Nach Voraussetzung ist σ eine Perspektivität. C sei das Zentrum und a die Achse von σ. Wegen $\sigma \in \mathfrak{Z}\Sigma$ ist $C^\Sigma = C$ und $a^\Sigma = a$. Ist τ eine von σ verschiedene Involution aus Σ und hat τ eine von a verschiedene Achse b, so liegt C wegen $C^\tau = C$ auf b. Wegen $a^\tau = a$ ist daher C das Zentrum von τ. M.a.W., gibt es in Σ zwei Involutionen, die verschiedene Achsen haben, so haben alle Involutionen aus Σ das gleiche Zentrum. Aus Dualitätsgründen gilt also, daß alle Involutionen aus Σ entweder das gleiche Zentrum oder die gleiche Achse (oder beides) haben. Wir können o. B. d. A. annehmen, daß alle Involutionen die gleiche Achse s haben. Es sei nun T eine von Σ verschiedene 2-Sylowgruppe von Δ. Dann haben auch alle Involutionen aus T die gleiche Achse, etwa t. Ist $s = t$, so ist s eine Fixgerade von Δ. Sei also $s \neq t$ und $P = s \cap t$. Dann ist P ein Fixpunkt von $\mathfrak{Z}\Sigma$ und $\mathfrak{Z}T$ und daher von Δ, q. e. d.

(14.3) (Dembowski) <u>Alle Involutionen aus Δ sind Perspektivitäten.</u>

Beweis. Es sei σ eine Involution aus Δ und σ sei keine Perspektivität. Dann läßt σ nach (7.11) eine Unterebene $\mathfrak{f}(\sigma)$ der Ordnung q von $\mathfrak{E}$ elementweise fest. Da alle Involutionen aus Δ konjugiert sind, lassen alle Involutionen aus Δ Unterebenen der Ordnung q elementweise fest. Es sei $\mathfrak{f} = \mathfrak{f}(\sigma)$ für alle Involutionen σ aus $\mathfrak{Z}\Sigma$, wobei Σ eine 2-Sylowgruppe von Δ ist. Dann läßt Σ die Ebene $\mathfrak{f}$ als ganzes fest. Nun kann eine Involution außerhalb $\mathfrak{f}$ keinen Fixpunkt haben, da $\mathfrak{f}$ nach (6.8) eine maximale Teilebene von $\mathfrak{E}$ ist. Somit operiert Σ auf den Punkten von $\mathfrak{E}$, die nicht zu $\mathfrak{f}$ gehören, regulär. Daher ist q^2 ein Teiler von $q^4 + q^2 + 1 - q^2 - q - 1 = q(q^3 - 1)$: ein Widerspruch. Es gibt also zwei Involutionen σ und τ in Σ mit $\mathfrak{f}(\sigma) \neq \mathfrak{f}(\tau)$.

Nun ist $\sigma\tau = \tau\sigma$. Daher induziert τ in $F(\sigma)$ eine Kollineation, deren Ordnung wegen $F(\sigma) \neq F(\tau)$ gleich 2 ist. Die Ordnung von $F(\sigma)$ ist gleich $q = 2^{2m+1}$, also kein Quadrat. Nach (11.7) induziert τ daher eine Elation in $F(\sigma)$. Hieraus folgt nun, daß alle Fixgeraden von $\mathfrak{Z}\Sigma$ konfluent sind. Hieraus folgt wiederum, daß $\mathfrak{Z}\Sigma$ ein ausgezeichnetes Fixelement hat. Denn $\mathfrak{Z}\Sigma$ hat entweder genau eine Fixgerade, und dann ist diese Fixgerade das ausgezeichnete Fixelement, oder aber $\mathfrak{Z}\Sigma$ hat mehr als eine Fixgerade, und dann ist der Schnittpunkt dieser Geraden das ausgezeichnete Fixelement. Wir können o. B. d. A. annehmen, daß $\mathfrak{Z}\Sigma$ einen ausgezeichneten Fixpunkt hat. Wir bezeichnen diesen Punkt mit $P(\Sigma)$. Ist nun T eine von Σ verschiedene 2-Sylowgruppe von Δ, so folgt aus (4.13) und (14.2), daß $P(\Sigma) \neq P(T)$ ist. Nun ist $P(\Sigma)^\delta = P(\Sigma^\delta)$. Ferner ist die Anzahl der $P(\Sigma)$ gleich $q^2 + 1$. Folglich hat Δ eine Punktbahn $\mathcal{R}$ der Länge $q^2 + 1$. Die Menge $\mathcal{R}$ kann nicht aus den Punkten einer Geraden bestehen, da Δ kein Fixelement hat. Somit ist $\mathcal{R}$ nach (14.1) ein Oval. Da die Ordnung von $\mathcal{E}$ gleich $q^2 \equiv 0 \mod 2$ ist, gehen nach (6.9) alle Tangenten von $\mathcal{R}$ durch den Knoten K von $\mathcal{R}$. Daher ist $K^\Delta = K$. Dieser letzte Widerspruch zeigt, daß unsere Annahme falsch ist. Damit ist (14.3) bewiesen.

Wenn wir bereits wissen, daß alle Involutionen aus Δ Perspektivitäten sind, so können wir unabhängig von Satz (3.6), den wir zum Beweise von (4.11) benötigten, weiterschließen. Wir wissen in diesem Falle unter Benutzung der trivialen Hälfte von (14.2), daß Δ ein Fixelement hat. Wir können o. B. d. A. annehmen, daß Δ einen Fixpunkt P hat. Als nächstes zeigen wir

(14.4) P <u>ist niemals Zentrum einer Involution aus</u> Δ.

Beweis. Es sei σ eine Involution und damit eine involutorische Elation aus $\triangle$ mit dem Zentrum P. Da alle Involutionen in $\triangle$ konjugiert sind, ist P das Zentrum aller Involutionen aus $\triangle$. Nun wird $\triangle$ von seinen Involutionen erzeugt. Daher besteht $\triangle$ nach (7.7) nur aus Elationen mit dem Zentrum P. Hieraus folgt, daß $(q^2 + 1)q^2(q - 1) = o(\triangle)$ ein Teiler von q^4 ist, q. e. a.

(14.5) $\triangle$ <u>operiert aus den Geraden durch</u> P <u>als (ZT)-Gruppe.</u>

Beweis. Es sei g eine Gerade durch P und $o(\triangle_g) \equiv 1 \mod 2$. Dann ist nach (4.11) (in diesem Falle brauchen wir nicht (3.6)) $o(\triangle_g)$ entweder ein Teiler von $q - 1$ oder von $q^2 + 1$. In jedem Falle ist $q^2 + 1 < |g^\triangle|$. Nun ist P I g und daher $|g^\triangle| \leq q^2 + 1$: ein Widerspruch. Somit ist 2 ein Teiler von $o(\triangle_g)$. Es gibt also eine Involution σ mit $g^\sigma = g$. Da σ eine Elation ist und da P vom Zentrum von σ verschieden ist, folgt, daß g die Achse <u>durch P</u> von σ ist. Jede Gerade ist also Achse einer involutorischen Elation aus $\triangle$. Da alle Involutionen aus $\triangle$ konjugiert sind, folgt, daß $\triangle$ auf den Geraden durch P transitiv ist. Hieraus folgt nun (14.5).

(14.6) <u>Sind</u> g <u>und</u> h <u>zwei verschiedene Geraden durch</u> P, <u>so besitzt</u> $\triangle_{g,h}$ <u>auf</u> g <u>genau zwei Fixpunkte (von denen einer gleich</u> P <u>ist). Die restlichen Punkte von</u> g <u>zerfallen unter</u> $\triangle_{g,h}$ <u>in</u> $q + 1$ <u>Bahnen der Länge</u> $q - 1$.

Beweis. $\triangle_{g,h}$ ist zyklisch der Ordnung $q - 1$. Sei $\delta \in \triangle_{g,h}$ und Q,R I g und P $\neq$ Q $\neq$ R $\neq$ P und $Q^\delta = Q$ und $R^\delta = R$. Schließlich sei $\vdash = \langle \delta \rangle$. Dann ist auch $Q^\vdash = Q$ und $R^\vdash = R$. Nach (14.5) gibt es ein $\sigma \in \triangle$ mit $g^\sigma = h$ und $h^\sigma = g$. Dann ist aber $\triangle_{g,h}^\sigma = \triangle_{g,h}$ und folglich, da $\vdash$ wegen der Zyklizität von $\triangle_{g,h}$ in $\triangle_{g,h}$

charakteristisch ist, $\vdash\!\!\!\dashv^\sigma = \vdash\!\!\!\dashv$. Somit sind Q^σ und R^σ Fixpunkte von $\vdash\!\!\!\dashv$ und damit von δ. Die Punkte Q, R, Q^σ und R^σ bilden ein nicht-ausgeartetes Viereck. Da alle diese Punkte von δ festgelassen werden, läßt δ eine nicht-ausgeartete Teilebene $\mathcal{F}$ von $\mathcal{E}$ elementweise fest. Wegen P^δ = P ist P ein Punkt von $\mathcal{F}$. Daher läßt δ mindestens drei Geraden durch P fest und ist folglich nach (14.5) die Identität. Eine nicht-triviale Kollineation aus $\triangle_{g,h}$ hat also höchstens einen von P verschiedenen Fixpunkt auf g. Ist δ ein Element von Primzahlordnung aus $\triangle_{g,h}$, so hat daher δ wegen $|g - \{P\}| = q^2$ und $(q - 1, q) = 1$ genau einen Fixpunkt Q auf g - {P}. Da $\triangle_{g,h}$ abelsch ist, ist Q ein Fixpunkt von $\triangle_{g,h}$. Die Gruppe $\triangle_{g,h}$ hat also auf g genau die Fixpunkte P und Q und q + 1 Bahnen der Länge q - 1, da ja keine nicht-triviale Kollineation aus $\triangle_{g,h}$ auf g drei verschiedene Fixpunkte haben kann, q. e. d.

(14.7) Ist Σ eine 2-Sylowgruppe von $\triangle$ und ist P I g = g^Σ, so hat Σ auf g mindestens q + 1 Fixpunkte.

Beweis. P ist ein Fixpunkt von Σ auf g. Es sei σ eine Involution aus Σ. Ferner sei Q das Zentrum von σ. Nach (14.4) ist P $\neq$ Q. Ferner ist Q I g, da ja σ eine Elation ist. Wegen σ ε $\mathfrak{Z}\Sigma$ ist Q ein Fixpunkt von Σ. Folglich hat Σ mindestens zwei Fixpunkte auf g. Aus $|g - \{P,Q\}| = q^2 - 1$ folgt, daß Σ wenigstens drei Fixpunkte auf g hat. R sei ein von P und Q verschiedener Fixpunkt von Σ. Ferner sei h eine von g verschiedene Gerade durch P. Dann können nach (14.6) die Punkte Q und R nicht beide Fixpunkte von $\triangle_{g,h}$ sein. Sei etwa Q kein Fixpunkt von $\triangle_{g,h}$. Dann liegt Q nach (14.6) in einer Bahn der Länge q - 1 von $\triangle_{g,h}$. Da P nicht in dieser Bahn liegt und da $\triangle_{g,h}$ im Normalisator von Σ enthalten ist, folgt, daß Σ mindestens q Fixpunkte auf g hat. Aus $|g| - q \equiv 1 \mod 2$ folgt schließlich, daß Σ sogar mindestens $q + 1$ Fixpunkte auf g hat, q. e. d.

Wir müssen nun zwei Fälle unterscheiden.

1. Fall: Σ sei eine 2-Sylowgruppe von Δ und alle Involutionen aus Σ haben das gleiche Zentrum. In diesem Falle gilt

(14.8) Δ <u>läßt ein nicht-inzidentes Punkt-Geradenpaar (P,g) invariant. Die von P verschiedenen Punkte, die nicht auf g liegen, zerfallen unter Δ in zwei Bahnen der Länge $(q^2 + 1)(q - 1)$ bzw. $(q^2 + 1)q(q - 1)$. Die von g verschiedenen Geraden, die nicht durch P gehen, zerfallen ebenfalls in zwei Bahnen der Länge $(q^2 + 1)(q - 1)$ bzw. $(q^2 + 1)q(q - 1)$.</u>

Beweis. Σ und T seien zwei verschiedene 2-Sylowgruppen von Δ und h und k die beiden Geraden durch P, die von Σ bzw. T invariant gelassen werden. Q sei das Zentrum aller Involutionen aus Σ und R sei das Zentrum aller Involutionen aus T. Dann ist Q I h und R I k. Wegen $h \neq k$ ist $P \not{I} QR$. Setzt man $QR = g$, so ist offensichtlich $g^{\Sigma} = g = g^{\delta T}$ und daher nach (4.13) auch $g^{\Delta} = g$. Es sei X ein Punkt mit $P \neq X \not{I} g$ und $X^{\Sigma} = X$. Aus (14.5) und (14.6) folgt dann, daß $|X^{\Sigma}| = (q^2 + 1)(q - 1)$ ist, da der von P verschiedene Fixpunkt von $\Delta_{h,k}$ auf h notwendig gleich $h \cap g$ ist. Aus dieser Bemerkung und aus (14.7) folgt daher die Existenz einer Punktbahn der Länge $(q^2 + 1)(q - 1)$. Da Δ auch eine Fixgerade besitzt, zeigen die dualen Schlüsse, daß Δ auch eine Geradenbahn der Länge $(q^2 + 1)(q - 1)$ besitzt. $\mathcal{R}$ sei eine Punktbahn der Länge $(q^2 + 1)(q - 1)$. Es seien m und n Geraden mit $P \not{I} m,n$ und $m \cap \mathcal{R} \neq \emptyset \neq n \cap \mathcal{R}$. Um zu zeigen, daß es ein $\delta \in \Delta$ mit $m^{\delta} = n$ gibt, können wir annehmen, daß es einen Punkt $X \in \mathcal{R}$ gibt mit X I m,n. Nun ist Δ_X eine 2-Sylowgruppe von Δ

und da $g^\Delta = g$ ist, folgt, daß X nicht das Zentrum einer Involution aus Δ_X sein kann. Somit ist Δ_X auf den von PX verschiedenen Geraden durch X transitiv. Die Geraden, die $\mathcal{R}$ treffen und nicht durch P gehen, bilden also eine Bahn $\mathcal{G}$ von Δ. Wir betrachten nun die Inzidenzstruktur $\mathcal{F} = \{\mathcal{R}, \mathcal{G}, (\mathcal{R} \times \mathcal{G}) \cap I\}$. Offensichtlich ist $\mathcal{F}$ eine taktische Konfiguration. Die Parameter von $\mathcal{F}$ seien v, b, k und r. Dann ist $v = (q^2 + 1)(q - 1)$ und $r = q^2$. Zwei Punkte von $\mathcal{F}$ sind durch höchstens eine Gerade verbunden und es gilt, daß zwei Punkte X und Y in $\mathcal{F}$ genau dann nicht verbindbar sind, wenn P, X und Y in $\mathcal{E}$ kollinear sind. Ist h eine Gerade durch P, so ist $|h \cap \mathcal{R}| = q - 1$. Folglich ist $v - (q - 1) = r(k - 1)$. Somit ist $k = 1 + (v - (q - 1))r^{-1}$, dh. es ist $k = 1 + ((q^2 + 1)(q - 1) - (q - 1))q^{-2} = q$. Aus $vr = bk$ folgt daher, daß $b = (q^2 + 1)q(q - 1)$ ist. Wir haben nun vier Geradenbahnen der Länge resp. 1, $q^2 + 1$, $(q^2 + 1)(q - 1)$ und $(q^2 + 1)q(q - 1)$ und drei Punktbahnen der Länge resp. 1, $q^2 + 1$ und $(q^2 + 1)(q - 1)$. Nun ist die Anzahl der Geraden von $\mathcal{E}$ gleich $q^4 + q^2 + 1$, dh. wir haben bereits alle Geraden in den vier bestimmten Geradenbahnen erfasst. Aus (5.11) folgt nun daß es nur noch eine weitere Punktbahn geben kann, deren Länge dann natürlich gleich $(q^2 + 1)q(q - 1)$ sein muß, q. e. d.

2. Fall: Σ sei wieder eine 2-Sylowgruppe von Δ. Wir nehmen nun an, daß es in Σ Involutionen mit verschiedenen Zentren gibt. In diesem Fall beweisen wir

(14.9) Δ hat außer dem Fixpunkt P noch drei weitere Punktbahnen der Länge resp. $q^2 + 1$, $(q^2 + 1)(q - 1)$ und $(q^2 + 1)q(q - 1)$. Die Punktbahn der Länge $q^2 + 1$ ist ein Oval $\mathscr{O}$. Die Tangenten und die Sekanten von $\mathscr{O}$ bilden je für sich eine Geradenbahn. Die Passanten von $\mathscr{O}$ zerfallen in zwei Bahnen der Länge

$\frac{1}{4}(q - r + 1)q^2(q - 1)$ bzw. $\frac{1}{4}(q + r + 1)q^2(q - 1)$, wobei $r^2 = q$ ist.

Beweis. Die Zentren der Involutionen aus Σ liegen auf der eindeutig bestimmten Geraden g durch P, die von Σ festgelassen wird. Da es in Σ Involutionen mit verschiedenen Zentren gibt und da alle Zentren nach (14.4) von P verschieden sind, kann nach (14.6) höchstens eines dieser Zentren Fixpunkt von $\triangle_{g,h}$ sein, wenn h eine von g verschiedene Gerade durch P ist. Ebenfalls nach (14.6) gibt es dann mindestens q - 1 Zentren auf g. Da Σ genau q - 1 Involutionen enthält, gibt es genau q - 1 Punkte auf g, die Zentren von Involutionen aus Σ sind. Ferner folgt, daß jeder Punkt von g Zentrum höchstens einer Involution aus Σ ist. Ist h eine von g verschiedene Gerade und ist h $\cap$ g kein Zentrum einer Involution aus Σ, so ist $|h^\Sigma| = q^2$. Wäre nämlich $|h^\Sigma| < q^2$, so gäbe es eine Involution $\sigma \in \Sigma$ mit $h^\sigma = h$. Da g die Achse von σ ist, wäre dann g $\cap$ h das Zentrum von σ: ein Widerspruch. Nun gibt es auf g genau $q^2 + 1 - (q - 1) = q^2 - q + 2$ Nicht-Zentren und daher $q^2(q^2 - q + 2)$ von g verschiedene Geraden, die g in einem Nicht-Zentrum schneiden. Die Menge dieser Geraden zerfällt also unter Σ in $q^2 - q + 2$ Bahnen der Länge q^2. Ist h $\cap$ g das Zentrum einer Involution aus Σ, so wird h nach dem oben Bemerkten von genau einer Involution aus Σ festgelassen. Nach (4.1)(a) hat Σ den Exponenten 4 und nach (5.1)(d) enthält Σ keine Quaternionengruppe. Somit ist Σ_h zyklisch der Ordnung 2 oder 4. Folglich ist $|h^\Sigma| = \frac{1}{2}q^2$ oder $\frac{1}{4}q^2$. Sei $|h^\Sigma| = \frac{1}{2}q^2$ für alle Geraden h, für die h $\cap$ g ein Zentrum ist. Auf g gibt es, wie wir gesehen haben, genau q - 1 Zentren. Folglich gibt es genau 2(q - 1) Geradenbahnen der Länge $\frac{1}{2}q^2$. Da g unter Σ festbleibt, ist {g} ebenfalls eine Geradenbahn von Σ. Es gibt also $1 + q^2 - q + 2 + 2(q - 1) = q^2 + q + 1$ Geradenbahnen unter Σ. Wir zählen nun die Punktbahnen von Σ. Da die Involutionen aus

Σ Elationen mit der Achse g sind, operiert Σ auf den Punkten von $\mathcal{E}$, die nicht auf g liegen, regulär. Die Punkte außerhalb g zerfallen also unter Σ in q^2 Bahnen der Länge q^2. Ferner hat Σ auf g nach (14.7) mindestens $q + 1$ Fixpunkte, dh. Σ hat mindestens $q + 1$ Bahnen der Länge 1. Nun liegen auf g noch $q^2 - q$ weitere Punkte. Folglich hat Σ mehr als $q^2 + q + 1$ Punktbahnen. Andrerseits hat Σ jedoch, wie wir gesehen haben, genau $q^2 + q + 1$ Geradenbahnen. Dies widerspricht (5.11). Es gibt also mindestens eine Geradenbahn h^Σ der Länge $\frac{1}{4}q^2$. Angenommen es sei $|h^\Sigma| = \frac{1}{4}q^2$ für alle Geraden h, die g in einem Zentrum treffen. Dann gibt es insgesamt $1 + q^2 - q + 2 + 4(q - 1) = q^2 + 3q - 1$ Geradenbahnen. Es gibt daher nach (5.11) außer den $q + 1$ Fixpunkten von Σ und den q^2 Bahnen der Länge q^2 noch $2(q - 1)$ weitere Punktbahnen von Σ, die alle aus Punkten von g bestehen. Ist Q der von P verschiedene Fixpunkt von $\Delta_{g,j}$ (j eine von g verschiedene Gerade durch P) und ist Q außerdem Fixpunkt von Σ, so ist $|Q^\Delta| = q^2 + 1$. Nach (14.1) ist daher Q^Δ entweder eine Gerade oder ein Oval. Da Q sicherlich ein Nicht-Zentrum ist, kann Q^Δ keine Gerade sein. Also ist Q^Δ ein Oval. Ist nun R I g ein Zentrum und h eine Sekante von Q^Δ durch R, so ist wegen der Transitivität von Σ auf $Q^\Delta - \{Q\}$ die Länge von h^Σ gleich $\frac{1}{2}q^2$ im Widerspruch zu unserer Annahme. Somit liegt Q in einer nicht-trivialen Bahn $\mathcal{L}$ von Σ. Wegen $\Delta_{g,j} \leq \mathfrak{N}_\Delta \Sigma$ bleibt daher $\mathcal{L}$ unter $\Delta_{g,j}$ invariant. Nun ist $2 \leq |\mathcal{L}| \leq q$. Aus (14.6) folgt daher, daß $|\mathcal{L}| = q$ ist. Die übrigen Bahnen von Σ, die in g enthalten sind, werden von $\Delta_{g,j}$ in Zyklen der Länge $q - 1$ permutiert, da ihre Länge eine Potenz von 2 ist, und somit kein von 1 verschiedenes Element aus $\Delta_{g,j}$ wegen (14.6) eine von $\{P\}$ und $\mathcal{L}$ verschiedene, in g enthaltene Bahn von Σ festlassen kann. Da P der einzige gemeinsame Fixpunkt von $\Delta_{g,j}$ und Σ ist, gibt es nach (14.6) und (14.7) mindestens

$2q - 1$ Punktbahnen der Länge 1 von Σ, die in g enthalten sind.
Von übrigen [den] $3q - 1 - 2q + 1 = q$ in g enthaltenen Bahnen von Σ
hat eine Bahn, nämlich $\mathscr{C}$ die Länge q, während die restlichen
Bahnen alle die gleiche Länge 2^a haben. Somit ist
$2q - 1 + q + 2^a(q - 1) = q^2 + 1$. Hieraus folgt, daß
$(2^a + 1)(q - 1) = (q - 1)^2$ ist. Somit ist $2^a + 1 = q - 1$ und
daher $q = 2(2^{a-1} + 1)$: ein Widerspruch. Es gibt also eine Gerade h mit $|h^\Sigma| = \frac{1}{4}q^2$ und eine Gerade k mit $|k^\Sigma| = \frac{1}{2}q^2$. Da
$\triangle_g$, wie wir gesehen haben, auf den Zentren, die auf g liegen,
transitiv ist, folgt, daß es genau $q - 1$ Geradenbahnen der
Länge $\frac{1}{2}q^2$ und $2(q - 1)$ Geradenbahnen der Länge $\frac{1}{4}q^2$ gibt. Es gibt
also insgesamt $q^2 + 2q$ Geradenbahnen von Σ. Da Σ die Punkte
außerhalb g in q^2 Bahnen zerlegt, zerlegt Σ die Punkte von g
in $2q$ Bahnen. Von diesen haben $q + 1$ die Länge 1. Die Längen der
restlichen $q - 1$ Bahnen bezeichnen wir mit l_i $(i = 1,\ldots,q-1)$.
Es ist dann $1 \leq l_i \leq q$ für alle i und $\sum_{i=1}^{q-1} l_i = q(q - 1)$. Folglich
ist $l_i = q$ für alle i. Somit hat Σ auf g genau $q + 1$ Fixpunkte.
Hieraus folgt, daß außer P noch ein weiterer Fixpunkt von Σ
auch Fixpunkt von $\triangle_{g,j}$ ist. Hieraus folgt wiederum mit Hilfe
von (14.6), daß $\triangle_{g,j}$ die Bahnen der Länge q von Σ transitiv
permutiert. Die Menge der Punkte von g zerfällt also unter $\triangle_g$
in vier Bahnen, nämlich $\{P\}$ und $\{Q\}$ und zwei weitere Bahnen der
Länge $q - 1$ bzw. $q(q - 1)$. Hieraus folgt, daß $\triangle$ vier Punktbahnen der Länge resp. 1, $q^2 + 1$, $(q^2 + 1)(q - 1)$ und
$(q^2 + 1)q(q - 1)$ hat. Die Punktbahn $\mathscr{O}$ der Länge $q^2 + 1$ ist entweder eine Gerade oder ein Oval. Da die Punkte von $\mathscr{O}$ Nicht-Zentren
sind, ist $\mathscr{O}$ ein Oval. $\triangle$ ist zweifach transitiv auf $\mathscr{O}$. Daher
bilden die Sekanten von $\mathscr{O}$ eine Geradenbahn von $\triangle$. Ferner wissen
wir bereits, daß auch die Geraden durch P eine Bahn von $\triangle$
bilden. Da es vier Punktbahnen gibt, muß es nach (4.11) auch
vier Geradenbahnen geben. Folglich zerfallen die Passanten in

zwei Bahnen. $\mathcal{L}_1$ und $\mathcal{L}_2$ seien diese Bahnen. Ferner sei $|\mathcal{L}_i| = l_i$. Dann ist $l_1 + l_2 = \frac{1}{2}q^2(q^2 - 1)$. Es gibt sicher eine Passante p, so daß 4 ein Teiler der Ordnung von $\triangle_p$ ist. Es sei o. B. d. A. $p \in \mathcal{L}_1$. Dann ist $o(\triangle_p) = 4m_1$ und m_1 ist ungerade, denn die 2-Sylowgruppe von $\triangle_p$ enthält, wie wir gesehen haben, genau eine Involution. Aus (4.12) (hier benutzen wir nur den elementaren Teil) folgt, daß m_1 ein Teiler von $q + r + 1$ oder $q - r + 1$ ist. Dabei ist $r^2 = 2q$. Es sei $p' \in \mathcal{L}_2$ und $o(\triangle_{p'}) = m_2$ ungerade. Ist m_2 ein Teiler von $q - 1$, so gibt es zwei Geraden g und h durch P, so daß $\triangle_{p'} \leq \triangle_{g,h}$ ist. Dann ist aber $p' \cap \sigma \neq \emptyset$. Nach (4.12) ist daher m_2 ein Teiler von $q + r + 1$ oder $q - r + 1$. Nun ist
$$(q^2 + 1)q^2(q - 1) = o(\triangle) = 4l_1 m_1 = l_2 m_2.$$
Daher ist
$$(q^2 + 1)q^2(q - 1)(4m_1 + m_2) = 4m_1 m_2(l_1 + l_2) = 2q^2(q^2 - 1)m_1 m_1.$$
Somit ist $(q^2 + 1)(4m_1 + m_2) = 2(q + 1)m_1 m_2$. Nun ist $(q^2 + 1, 2(q + 1)) = 1$ und daher ist $q^2 + 1$ ein Teiler von $m_1 m_2$. Folglich können m_1 und m_2 nicht beide $q + r + 1$ bzw. $q - r + 1$ teilen. Da $(q + r + 1, q - r + 1) = 1$ ist, können wir annehmen, daß m_1 ein Teiler von $q + r + 1$ und m_2 ein Teiler von $q - r + 1$ ist. Nun ist $(q + r + 1)(q - r + 1) = q^2 + 1$. Folglich ist $m_1 m_2$ ein Teiler von $q^2 + 1$. Daher ist sogar $m_1 m_2 = q^2 + 1$ und $m_1 = q + r + 1$ und $m_2 = q - r + 1$. Aus $(q^2 + 1)(4m_1 + m_2) = 2(q + 1)m_1 m_2$ folgt daher, daß $5q + 3r - 1 = 2(q + 1)$ ist. Dies ist ein Widerspruch, da $5q + 3r + 1$ ungerade ist. Somit ist 2 ein Teiler der Ordnung von $\triangle_{p'}$. Dann ist aber $o(\triangle_{p'}) = 4m_2$ und m_2 ist ein Teiler von $q + r + 1$ oder $q - r + 1$. Wir erhalten dann die Gleichung $(q^2 + 1)(m_1 + m_2) = 2(q + 1)m_1 m_2$. Hieraus schließen wir wieder, daß $m_1 = q + r + 1$ und $m_2 = q - r + 1$ ist. Dann ist

$l_1 = \frac{1}{4}(q - r + 1)q^2(q - 1)$ und $l_2 = \frac{1}{4}(q + r + 1)q^2(q - 1)$, q.e.d.

Zusammenfassend gilt also

(14.10) <u>Satz</u> (Lüneburg). <u>Ist $q = 2^{2m+1} \geq 8$ und ist $\mathcal{E}$ eine projektive Ebene der Ordnung q^2, ist ferner $\triangle$ eine zur $S(q)$ isomorphe Kollineationsgruppe von $\mathcal{E}$, so operiert $\triangle$ auf eine der folgenden Arten auf $\mathcal{E}$:</u>

(1) <u>$\triangle$ läßt ein nicht-inzidentes Punkt Geradenpaar (P,g) invariant. $\triangle$ ist auf den Geraden durch P und den Punkten auf g zweifach transitiv. Die von P verschiedenen Punkte von $\mathcal{E}$, die nicht auf g liegen, werden von $\triangle$ in zwei Bahnen der Länge $(q^2 + 1)(q - 1)$ bzw. $(q^2 + 1)q(q - 1)$ zerlegt. Ebenso werden die von g verschiedenen Geraden, die nicht durch P gehen in zwei Bahnen der Länge $(q^2 + 1)(q - 1)$ bzw. $(q^2 + 1)q(q - 1)$ zerlegt.</u>

(2) <u>$\triangle$ läßt ein Oval $\mathcal{O}$ invariant und zerlegt die Menge der Punkte, die nicht auf $\mathcal{O}$ liegen und die von dem Knoten von $\mathcal{O}$ verschieden sind, in zwei Bahnen der Länge $(q^2 + 1)(q - 1)$ bzw. $(q^2+1)q(q-1)$. Ferner bilden die Tangenten und die Sekanten von $\mathcal{O}$ je für sich eine Geradenbahn. Die Passanten von $\mathcal{O}$ werden in zwei Bahnen der Länge $\frac{1}{4}(q - r + 1)q^2(q - 1)$ bzw. $\frac{1}{4}(q + r + 1)q^2(q - 1)$ zerlegt. Dabei ist $r^2 = 2q$.</u>

(3) <u>Dual zu (2).</u>

<u>$\triangle$ hat also in jedem Fall vier Punkt- und vier Geradenbahnen. Ferner ist jede Involution aus $\triangle$ eine Elation.</u>

Liste der häufiger benutzten Symbole.

$|\mathfrak{M}|$ = Mächtigkeit der Menge $\mathfrak{M}$.

$o(G)$ = Ordnung der Gruppe G.

$[G:U]$ = Index der Untergruppe U von G in G.

$\mathfrak{N}_G U$ = Normalisator der Untergruppe U von G in G.

$\mathcal{C}_G M$ = Zentralisator der Teilmenge M der Gruppe G in G.

$g^h = h^{-1}gh$.

$U^h = h^{-1}Uh$.

$\mathcal{C}_G^*(g) = \{x \in G | g^x \in \{g, g^{-1}\}\}$.

G' = Kommutatorgruppe der Gruppe G.

$\mathfrak{Z}G$ = Zentrum der Gruppe G.

Exp G = Exponent der Gruppe G.

$\langle \ldots | \ldots \rangle$ = die von ... mit ... erzeugte Gruppe.

Ist G eine Permutationsgruppe auf $\mathfrak{M}$ und sind $A, B, C, \ldots, X \in \mathfrak{M}$, so ist $G_{A,B,C,\ldots} = \{g \in G | A^g = A, B^g = B, C^g = C, \ldots\}$ und $X^G = \{X^g | g \in G\}$.

$GF(q)$ = Galoisfeld mit q Elementen.

K^* = multiplikative Gruppe des Körpers K.

det A = Determinante der quadratischen Matrix A.

$[V:K]$ = Rang des K-Vektorraumes V.

$GL(d,q)$ = allgemeine lineare Gruppe in d Variablen = Gruppe aller d × d-Matrizen A mit det A $\neq$ 0.

$PGL(d,q)$ = allgemeine projektive lineare Gruppe in d-Variablen über $GF(q) = GL(d,q)/\mathfrak{Z}GL(d,q)$.

$SL(d,q)$ = spezielle lineare Gruppe in d Variablen über $GF(q)$ = Gruppe aller d × d-Matrizen A mit det A = 1.

$PSL(d,q)$ = spezielle projektive lineare Gruppe in d Variablen über $GF(q) = SL(d,q)/\mathfrak{Z}SL(d,q)$.

Forts. S. 110

Im Text definierte Symbole:

$AG(d,q)$	S. 43
$\Gamma(\mathcal{R},g)$	S. 55
$\Gamma(P,\mathcal{G})$	S. 55
$\Gamma(P,g)$	S. 55
$\Gamma(h,g)$	S. 56
$\Gamma(P,Q)$	S. 56
$\mathfrak{J}(P)$	S. 40
$K(G,\pi)$	S. 83
$\mathfrak{M}(P)$ siehe $\mathfrak{J}(P)$	
$\mathfrak{M}(\mathcal{C})$	S. 63
$\{\mathcal{R},\mathcal{G},I\}$	S. 39
$PG(d,q)$	S. 43
$s(q)$	S. 9
$T(g)$	S. 56
$\mathcal{F}(G,\pi)$	S. 80
(ZT)-Gruppe	S. 11

Literaturhinweise.

Zu § 1:

J. Tits, Les groupes simples de Suzuki et de Ree. Séminaire
   Bourbaki, 13e année, 1960/61 n° 210.

J. Tits, Ovoides et groupes de Suzuki. Arch. Math. 13, 187-198
   (1962).

Zu § 3:

M. Suzuki, Finite groups with nilpotent centralizers. Trans. Am.
   Math. Soc. 99, 425-470 (1961).

Zu § 4:

M. Suzuki, On a class of doubly transitive groups. Ann, Math. 75,
   105-145 (1962).

Zu § 5 und § 6:

H. J. Ryser, Combinatorial Mathematics. Carus Math. Monographs 14.
   New York 1963.

P. Dembowski, Kombinatorik. Vorlesungsausarbeitung. Frankfurt 1965.

Zu § 7 und § 11:

G. Pickert, Projektive Ebenen. Berlin 1955.

zu § 8:

P. Dembowski, Möbiusebenen gerader Ordnung. Math. Ann. 157,
   179-205 (1964).

Zu § 9:

H. Lüneburg, Finite Möbius planes admitting a Zassenhaus group
   as group of automorphisms. Ill. J. Math. 8, 586-592 (1964).

Zu §§ 10, 12, 13 und 14:

H. Lüneburg, Über projektive Ebenen, in denen jede Fahne von
   einer nicht-trivialen Elation invariant gelassen wird.
   Erscheint in Abh. Math. Sem. Hamburg.

Für die ohne Beweis benutzten Tatsachen aus der projektiven Geometrie siehe:

E. Artin, Geometric algebra. New York 1957.

R. Baer, Linear algebra and projective geometry. New York 1952.

Für die benutzten gruppentheoretischen Begriffe und Sätze siehe:

W. Burnside, Theory of groups of finite order. Neudruck New York
   1955.

M. Hall jr., The theory of groups. New York 1959.

H. Zassenhaus, The theory of groups. 2nd. edition. New York 1958.

MIX
Papier aus verantwortungsvollen Quellen
Paper from responsible sources
FSC® C105338

If you have any concerns about our products,
you can contact us on
ProductSafety@springernature.com

In case Publisher is established outside the EU,
the EU authorized representative is:
**Springer Nature Customer Service Center GmbH
Europaplatz 3, 69115 Heidelberg, Germany**

Printed by Libri Plureos GmbH
in Hamburg, Germany